U0337974

高等教育"十三五"规划教材

C语言程序设计实践教程

主　编　蒋清明　向德生

副主编　周新莲

主　审　徐建波

中国矿业大学出版社

内 容 提 要

本书是《C语言程序设计教程》的配套实践教程,主要内容包括3部分:C语言程序设计实验指导、C语言程序设计习题与解答、C语言程序设计等级考试二级模拟试卷。

本书的实验目的、实验任务和实验方法明确,可大大改善实验效果,减轻教师指导学生实验的工作量;同时,书中给出的题解有助于学生巩固知识、拓宽思路、提高程序设计水平。

本书可以作为各类高等院校、高职院校计算机专业及理工科非计算机专业学生学习"计算机程序设计"课程的教材,也可作为广大计算机爱好者学习C程序设计语言的参考书。

图书在版编目(CIP)数据

C语言程序设计实践教程/蒋清明,向德生主编. —徐州:
中国矿业大学出版社,2017.7

ISBN 978-7-5646-3545-9

Ⅰ. ①C⋯ Ⅱ. ①蒋⋯ ②向⋯ Ⅲ. ①C语言—程序设计—高等学校—教材 Ⅳ. ①TP312

中国版本图书馆 CIP 数据核字(2017)第 128590 号

书　　名	C语言程序设计实践教程
主　　编	蒋清明　向德生
责任编辑	仓小金
出版发行	中国矿业大学出版社有限责任公司
	(江苏省徐州市解放南路　邮编 221008)
营销热线	(0516)83885307　83884995
出版服务	(0516)83885767　83884920
网　　址	http://www.cumtp.com　E-mail:cumtpvip@cumtp.com
印　　刷	徐州中矿大印发科技有限公司
开　　本	787×1092　1/16　印张 12.25　字数 305 千字
版次印次	2017 年 7 月第 1 版　2017 年 7 月第 1 次印刷
定　　价	25.00 元

(图书出现印装质量问题,本社负责调换)

目　　录

第一部分　C 语言程序设计实验指导 ·· 1

实验 1　Visual C++ 6.0 IDE 上机操作过程 ·································· 1

实验 2　输入/输出操作 ··· 2

实验 3　分支结构 ··· 3

实验 4　循环结构 ··· 7

实验 5　break/continue 语句 ··· 11

实验 6　函数 ··· 13

实验 7　递归函数 ··· 15

实验 8　存储类型 ··· 17

实验 9　一维数组 ··· 20

实验 10　二维与多维数组 ·· 22

实验 11　指针 ··· 26

实验 12　命令行参数 ··· 27

实验 13　结构体 ··· 29

实验 14　共用体 ··· 33

实验 15　文件操作 ··· 35

第二部分　C 语言程序设计习题与解答 ··· 37

题解 1　绪论 ··· 37

题解 2　基本数据类型与运算符 ··· 38

题解 3　控制结构 ··· 42

题解 4　函数 ··· 54

题解 5　数组 ··· 63

题解 6　指针 ··· 73

题解 7　结构与共用 ··· 85

题解 8　文件 ··· 100

题解 9　程序设计实例 ··· 114

第三部分　C 语言程序设计等级考试二级模拟试卷 ·································· 133

试卷 1 ··· 133

试卷 2 ··· 144

试卷 3 ··· 155

试卷 4 ··· 170

附录 1 Visual C++ 6.0 常见编译错误 ··· 182

附录 2 Visual C++ 6.0 常见排错示例 ··· 184

参考文献 ·· 189

第一部分　C 语言程序设计实验指导

实验 1　Visual C++ 6.0 IDE 上机操作过程

一、实验目的

1. 学会用 Visual C++ 6.0 IDE 来编辑、编译、执行一个 C 语言程序,为学习复杂 C 语言程序的编写、调试和执行打好基础。

2. 通过运行简单的 C 语言程序,初步了解 C 程序的特点以及在 Visual C++ 6.0 IDE 环境下的调试方法。

二、实验范例

[范例 1]　下面程序实现在 Visual C++ 6.0 IDE 环境下输出:This is my first C program!

```
/* syfl1-1.c */
#include  <stdio.h>          /* 预处理命令:包含有标准输入输出库函数的头文件 stdio.h */
int main(void)                                                          /* 主函数 */
{
    printf("This is my first C program!\n");                       /* 输出字符串 */
    return 0;                                   /* 主函数的返回值,返回 0 表示程序正常退出 */
}
```

三、实验步骤

按照下面的步骤,熟悉 Visual C++ 6.0 上机操作过程,完成[范例 1]的上机调试。

1. 启动 Visual C++ 6.0。单击"File"(文件)菜单上选择"new"(新建)菜单项,此时将弹出"new"(新建)对话框。

2. 选择"new"(新建)对话框中的"Projects"(工程)选项卡,再选中"Win32 Console Application"项,在"Project name"(工程名)文本框中输入欲建工程名称"SYFL";然后在"Location"(位置)文本框中输入欲保存该工程的路径(Visual C++ 6.0 IDE 自动将用户输入的工程名作为文件夹名),或是通过单击其右边的按钮,在弹出的"Choose Directory"(选择目录)对话框中选择保存源文件的路径。

3. 单击"OK"(确定)按钮,系统将弹出一个对话框让用户选择建立何种工程。选中"An empty project"的单选项后并单击"Finish"按钮。

4. 向工程中添加源文件并编辑保存源文件。在下拉菜单——Project(工程)|Add to

project(添加到工程)中选择 new 标签,再选择 Files 选项卡中的文件类型为 C++ Source File,然后在右中部的 File 文本框中输入源文件名 SYFL1_1.c,选择保存源文件的位置,按确定按钮后将生成一个新的空文件 SYFL1_1.c,并出现源文件编辑窗口,按[范例 1]程序在编辑窗口中输入与修改程序代码,完成后可保存源文件。

5. 编译项目程序。选择下拉菜单——Build(编译)│Compile(编译),对应的快捷方式为 Ctrl+F7,将生成.obj 目标文件。若存在编译错误,则需要改正以后重新编译,直至没有错误为止。

6. 组建项目程序。选择下拉菜单——Build(编译)│Build(组建),对应的快捷方式为F7,将生成.exe 可执行文件。VC 中的 Build(组建)相当于 Turbo C 中的 Link(链接)。

7. 执行项目程序。选择下拉菜单——Build(编译)│! Execute(执行),对应的快捷方式为 Ctrl+F5,将运行生成的.exe 文件。

8. 写出实验报告,实验报告要求如下:
① 记录简单 C 程序在上机调试运行时出现的各种问题及其解决方法。
② 简明扼要地写出在调试运行一个 C 程序时的完整步骤。
③ 总结本次实验的经验与教训。

实验 2　输入/输出操作

一、实验目的

1. 掌握 C 语言的基本数据类型及其定义方法。掌握 C 运算符的种类、运算优先级和结合规则。

2. 掌握不同类型数据间的转换与运算,掌握 C 表达式类型(赋值表达式、算术表达式、关系表达式、逻辑表达式、条件表达式和逗号表达式)和求值规则。

3. 掌握基本的输入/输出函数 scanf( )、getchar( )、printf( )和 putchar( )函数。

4. 进一步熟悉 C 程序的编辑、编译、组建和运行的过程。

二、实验范例

[范例 1]　运行下列程序,观察其执行结果,并思考为什么?

```c
/* syfl2_1.c */
#include <stdio.h>
int main(void)
{
    char c1='a',c2='b',c3='c',c4='\102',c5='\x61';
    printf("a%cb%c\tc%c\tabc\n",c1,c2,c3);
    printf("\t\b%c %c\n",c4,c5);
    printf("\\\t\'\t\"");
    printf("\n%c\t%d",c1,c1);
    return 0;
}
```

[范例2] 运行下列程序,观察其执行结果,并思考为什么? 若把最后一个语句(++x,y++)外的括号去掉,程序还要做何修改?

```
/* syfl2_2.c */
#include  <stdio.h>
int main()
{
    int y=4,x=6,z=2;
    printf("%d %d %d\n",++y,--x,z++);
    printf("%d %d\n",(++x,y++),z+2);
    return 0;
}
```

三、实验

1. 调试上面的实验范例。

2. 根据分析提示,试着完成下面的程序,并上机调试成功。

编程:编写一个程序从键盘输入圆柱体的半径 r 和高度 h,计算其底面积和体积。

分析:已知半径 r 和高度 h,依据圆面积的计算公式 $S=\pi*r*r$ 和圆柱体体积计算公式 $V=\pi*r*r*h$,可计算其底面积 S 和体积 V。

不完整程序如下,应先在下划线位置填写正确的参数或表达式,再运行该程序:

```
/* sy2_1.c */
#include  <stdio.h>
int main()
{
    float pi=3.1415926F;
    float r,h,S,V;
    printf("Please input r,h:");
    scanf("%f,_____",&r,_____);      /* 从键盘输入圆柱体的半径 r 和高度 h */
    S=_____;                        /* 计算底面积 S 的值 */
    V=_____;                        /* 计算圆柱体体积 V 的值 */
    printf("底面积=_____\t 圆柱体体积=_____\n",S,V);
    return 0;
}
```

3. 写出实验报告,实验报告要求如下。

① 将上面不完整程序补充完整,并要保证其正确性。

② 记录源程序在上机调试时出现的各种问题及其解决办法。

③ 总结本次实验的经验与教训。

实验3 分支结构

一、实验目的

1. 学会正确地使用关系表达式和逻辑表达式。

2. 掌握用 if 语句实现选择结构。

3. 掌握用 switch 语句实现多分支选择结构。

4. 掌握选择结构的嵌套。

二、实验范例

［范例 1］ 从键盘输入一年份,判断年份是否为闰年。

```c
/* syfl3_1.c */
#include  <stdio.h>
int main()
{
    int year;
    scanf("%d",&year);                              /* 键盘输入年份值 */
    if (year%4==0&&year%100!=0 || year%400==0)
        printf("This year is a leap year!\n");      /* 如果是,则输出"是闰年" */
    else
        printf("This year is not a leap year!\n");  /* 否则输出"不是闰年" */
    return 0;
}
```

［范例 2］ 猜数游戏。假如设定一个整数 m＝123,然后让其他人从键盘上猜该数字,如果猜对,输出"RIGHT",如果猜错,则输出"WRONG",并指出设定的数比输入的数大还是小。

```c
/* syfl3_2.c */
#include  <stdio.h>
int main()
{
    int data;
    printf("Input a data:");                    /* 显示输入提示信息 */
    scanf("%d",&data);                           /* 键盘输入一个整数 */
    if(data==123)                                /* 输入数据与 123 比较 */
        printf("RIGHT\n");                       /* 输入数据等于 123 则输出"RIGHT" */
    else
    {
        printf("WRONG\n");                       /* 输入数据不等于 123 则输出"WRONG" */
        if(data>123)
            printf("It is LARGE\n");             /* 输入数据大于 123 则输出"It is LARGE" */
        else
            printf("It is SMALL\n");             /* 输入数据小于 123 则输出"It is SMALL" */
    }
    return 0;
}
```

［范例 3］ 编写程序,给出一个不多于 4 位的正整数,要求:

① 求出它是几位数;

② 分别打印出每一位数字；
③ 按逆序打印出每一位数字。

```c
/* syf13_3.c */
#include  <stdio.h>
int main()
{
    int num,indiv,ten,hundred,thousand,digit;
    printf("Input a integer number(0~9999):");
    scanf("%d",&num);
    thousand=num/1000;
    hundred=num/100%10;
    ten=num%100/10;
    indiv=num%10;
    if(num>999)
    {
        digit=4;
        printf("Digit=%d\n",digit);
        printf("Each digit is:");
        printf("%d,%d,%d,%d\n",thousand,hundred,ten,indiv);
        printf("Inversed nunmber is:");
        printf("%d,%d,%d,%d\n",indiv,ten,hundred,thousand);
    }
    else
        if(num>99)
        {
            digit=3;
            printf("Digit=%d\n",digit);
            printf("Each digit is :%d,%d,%d\n",hundred,ten,indiv);
            printf("Inversed nunmber is:");
            printf("%d,%d,%d\n",indiv,ten,hundred);
        }
        else
            if(num>9)
            {
                digit=2;
                printf("Digit=%d\n",digit);
                printf("Each digit is:%d,%d\n",ten,indiv);
                printf("Inversed nunmber is:");
                printf("%d,%d\n",indiv,ten);
            }
        else
        {
            digit=1;
```

```
        printf("Digit=%d\n",digit);
        printf("Each digit is:%d\n",indiv);
        printf("Inversed nunmber is:%d\n",indiv);
    }
    return 0;
}
```

［范例 3］给出的程序主要是让读者熟悉 if 语句的使用，所以求位数的代码有点复杂。实际上，通过表达式 $(int)log10(n)+1$ 求位数，代码非常简洁，请读者自行编写。

三、实验

编写程序并上机调试通过，然后写出实验报告。

1. 从键盘输入一个字符，判断它是字母、数字还是其他字符。请先分析下面的程序，运行该程序，分析运行结果。

```
/* sy3_1.c */
#include  <stdio.h>
int main()
{
    char c;
    printf("Enter a character:");
    scanf("%c",&c);
    if((c>='a'&&c<='z')||(c>='A'&&c<='Z'))
        printf("It's an alphabetic character.\n");
    else
        if(c>=48&&c<=57)
            printf("It's a digit\n");
        else
            printf("It's an other character\n");
    return 0;
}
```

2. 写出以下程序运行的结果。

```
/* sy3_2.c */
#include  <stdio.h>
int main()
{
    int a=-1,b=1;
    if((++a<0)&&!(b--<=0))
        printf("a=%d,b=%d\n",a,b);
    else
        printf("b=%d,a=%d\n",b,a);
    return 0;
}
```

3. 写出以下程序运行的结果。

```c
/* sy3_3.c */
#include  <stdio.h>
int main()
{
    int a=0,b=1;
    switch(a)
    {
        case 0: switch(b)
            {
                case 0: a++;b++;break;
                case 1: a++;b++;
                default: a++;
            }
        case 1: a++;b++;
    }
    printf("a=%d,b=%d\n",a,b);
    return 0;
}
```

4. 编写程序。实现根据用户输入的三角形的三条边长判定该三角形是何种三角形。

5. 从键盘输入两个操作数和运算符,用 switch 语句实现两个数的加、减、乘、除运算。

6. 写出实验报告,实验报告要求如下。

① 问题分析:写出解决问题的算法思路;画出程序流程图。

② 源程序:根据算法思想或程序流程图编写源程序。

③ 调试记录:记录源程序在上机调试时出现的各种问题及其解决办法。

④ 总结:总结本次实验的经验与教训。

实验 4 循 环 结 构

一、实验目的

1. 掌握 for 循环结构的灵活运用。

2. 掌握 while 和 do~while 循环结构的灵活运用。

二、实验范例

[范例 1] 试编程序计算 $s=1-\dfrac{1}{2}+\dfrac{1}{3}-\dfrac{1}{4}+\cdots+\dfrac{1}{99}-\dfrac{1}{100}$。

```c
/* syfl4_1.c */
#include  <stdio.h>
int main()
{
```

```
    int n,flag=1;
    double s=0;
    for(n=1;n<=100;n++)
    {
        s=s+1.0/n*flag;
        flag=-flag;
    }
    printf("%6.2f\n",s);
    return 0;
}
```

[范例 2]　把 411 分成两个数的和,并使其中一个加数能被 13 整除,而另一个能被 17 整除,试编程序求这两个加数。

```
/* syfl4_2.c */
#include <stdio.h>
int main()
{
    int a,b;
    for(a=13;a<411;a=a+13)
    {
        b=411-a;
        if(b%17==0)
            printf("%d=%d+%d\n",411,a,b);
    }
    return 0;
}
```

[范例 3]　已知方程 x+3cosx−1=0 在[−2,5]中有一根,精度要求 10^{-5},试用二分法求之。

算法提示:

① 输入有根区间两端点 x0、x1 和精度。

② 计算 x=(x1+x0)/2。

③ 若 f(x1) * f(x)<0,则 x0=x,转②,否则 x1=x,转②。

④ 若|x1−x0|<精度,则输出根 x,结束。否则转②。

程序如下:

```
/* syfl4_3.c */
#include <stdio.h>
#include <math.h>
int main()
{
    double x0,x1,x,f1,f;
    x0=-2;
    x1=5;
    do
```

```
    {
        x=(x0+x1)/2;
        f1=x1+3 * cos(x1)-1;
        f=x+3 * cos(x)-1;
        if(f1 * f<0)
            x0=x;
        else
            x1=x;
    }
    while(fabs(x0-x1)>1e-5);
    printf("The equation's root is %f\n",x);
    return 0;
}
```

三、实验

分析或编写程序并上机调试通过,然后写出实验报告。

1. 写出下面程序运行的结果。

```
/* sy4_1.c */
#include  <stdio.h>
int main()
{
    int a,n,count=1;
    long int sn=0,tn=0;
    scanf("%d,%d",&a,&n);
    while(count<=n)
    {
        tn+=a;
        sn+=tn;
        a * =10;
        count++;
    }
    printf("sn=%ld\n",sn);
    return 0;
}
```

2. 写出以下程序的输出结果。

```
/* sy4_2.c */
#include  <stdio.h>
int main()
{
    int i,j,k=0,m=0;
    for(i=0;i<2;i++)
    {
```

```
    for(j=0;j<3;j++)    k++;
    k-=j;
    }
m=i+j;
printf("k=%d,m=%d",k,m);
return 0;
}
```

3. 以下程序的功能是：从键盘上输入若干学生的成绩，统计并输出最高成绩和最低成绩，当输入负数时结束输入。请先将正确的语句或表达式填入下划线处，再运行。

```
/* sy4_3.c */
#include  <stdio.h>
int main()
{
    float x,max,min;
    scanf("%f",&x);
    max=x;
    min=x;
    while(_____)
    {
        if(x>max)
            max=x;
        if(x<min)
            _____;
        scanf("%f",&x);
    }
    printf("Max%f,Min%f\n",max,min);
    return 0;
}
```

4. 求水仙花数。水仙花数是一个 3 位正整数，其值等于其各个数位的立方之和。

5. 百马百担问题。有 100 匹马，驮 100 担货，大马驮 3 担，中马驮 2 担，两匹小马 1 担，编程计算共有多少种驮法？

6. 求 $w=1+2^1+2^2+2^3+\cdots+2^{10}$。

7. 求下列数列的前 20 项：$f(0)=0,f(1)=1,f(n)=f(n-1)+f(n-2)$ $(n>1)$。

8. 由 3 位不同数字构成的 3 位十进制整数 abc(a 非 0，且 a、b、c 互不相等)，若能被 $(a+b+c)^2$ 除尽，则称 abc 为三味数，如 405 就是三味数。问：最小的三味数是什么？a、b、c 均为偶数的三味数是什么？

9. 写出实验报告，实验报告要求如下。

① 问题分析：写出解决问题的算法思路；画出程序流程图。

② 源程序：根据算法思想或程序流程图编写源程序。

③ 调试记录：记录源程序在上机调试时出现的各种问题及其解决办法。

④ 总结：总结本次实验的经验与教训。

实验 5　break/continue 语句

一、实验目的

1. 进一步掌握 while、do～while 和 for 语句实现循环的方法。
2. 掌握循环的嵌套结构及 continue 和 break 语句的合理运用。

二、实验范例

[范例 1]　将 4～100 中的偶数分解成两素数之和(每个数只需求出一种分解方法)。

```c
/* syfl5_1.c */
#include  <stdio.h>
int main()
{
    int x,a,b,n;
    for(x=4;x<=100;x=x+2)
        for(a=2;a<=x/2;a++)
        {
            for(n=2;n<=a-1;n++)
                if(a%n==0) break;
            if(a==n)
            {
                b=x-a;
                for(n=2;n<=b-1;n++)
                    if(b%n==0) break;
                if(b==n)
                {
                    printf("%d=%d+%d\t",x,a,b);
                    break;
                }
            }
        }
    return 0;
}
```

[范例 2]　若 n 使 2^n-1 为素数,则 n 称为梅森尼数。求[1,21]范围内有多少个梅森尼数? 最大的梅森尼数是多少?

```c
/* syfl5_2.c */
#include  <stdio.h>
int main()
{
    long int i,j,max,sum=0,s=2,p;
    for(i=2;i<=21;i++)
```

```
    {
        s=s * 2;
        p=s-1;
        for(j=2;j<=p-1;j++)
            if(p%j==0) break;
        if(j==p)
        {
            max=i;
            sum++;
            printf("%d\t",i);
        }
    }
    printf("\nThe number is:%d\n",sum);
    printf("The max is:%d\n",max);
    return 0;
}
```

三、实验

分析或编写程序并上机调试通过,然后写出实验报告。

1. 写出下列程序运行的结果。

```
/* sy5_1.c */
#include  <stdio.h>
int main()
{
    int a,b;
    for(a=1,b=1;a<=100;a++)
    {
        if(b>=20) break;
        if(b%3==1)
        {
            b=b+3;
            continue;
        }
        b=b-5;
    }
    printf("%d\n",a);
    return 0;
}
```

2. 程序填空。求出 100 以内的正整数中,最大的可被 13 整除的数是哪一个?

```
/* sy5_2.c */
#include  <stdio.h>
int main()
```

```
{
    int n;
    for(_____;_____;n--)
        if(n%13==0)    break;
    printf("%d\n",n);
    return 0;
}
```

3. 将任意大于 2 的偶数分解成两个素数之和。

4. 求 3～100 中所有个位数字为 7 的所有素数之和及个数。

5. 求 2～100 中的所有的亲密素数对的个数。亲密素数定义：如果 x 为素数，则 x＋2 也为素数。

6. 写出实验报告，实验报告要求如下。

① 问题分析：写出解决问题的算法思路；画出程序流程图。

② 源程序：根据算法思想或程序流程图编写源程序。

③ 调试记录：记录源程序在上机调试时出现的各种问题及其解决办法。

④ 总结：总结本次实验的经验与教训。

实验 6　函　　数

一、实验目的

1. 掌握函数的定义方法、函数的类型和返回值。

2. 掌握库函数及自定义函数的正确调用。

3. 掌握函数形参与实参的参数传递关系。

二、实验范例

[范例 1]　跟踪调试以下程序，注意函数调用过程中形参和实参的关系。

```c
/* syfl6_1.c */
#include  <stdio.h>
int main()
{
    int t,x=2,y=5;
    void swap(int ,int);
    printf("(1) in main:x=%d,y=%d\n",x,y);
    swap(x,y);
    printf("(4) in main:x=%d,y=%d\n",x,y);
    return 0;
}
void swap(int a,int b)
{
    int t;
```

```
        printf("(2) in swap:a=%d,b=%d\n",a,b);
        t=a;a=b;b=t;
        printf("(3) in swap:a=%d,b=%d\n",a,b);
}
```

[范例 2]　将 4～100 中偶数分解成两素数之和(每个整数只需一种分法)。

```
/* syfl6_2.c */
#include  <stdio.h>
int leap(int x)
{
    int n,flag;
    flag=1;                              /* 设 flag 的值为 1,表示 x 是素数 */
    for(n=2;n<x;n++)
        if(x%n==0)
        {
            flag=0;
            break;
        }
    return flag;
}
int main()
{
    int x,a,b;
    for(x=4;x<=100;x=x+2)
        for(a=2;a<=x/2;a++)
        {
            if(leap(a)==1)
            {
                b=x-a;
                if( leap(b)==1)
                {
                    printf("%d=%d+%d\t",x,a,b);
                    break;
                }
            }
        }
    return 0;
}
```

三、实验

分析或编写程序并上机调试通过,然后写出实验报告。

1. 用函数的方法编写一个求级数前 n 项和的程序:S＝1＋(1＋3)＋(1＋3＋5)＋…＋ (1＋3＋5＋…＋ (2n−1))。

2. 编函数求 x!,实现求 m! /n! /(m－n)!。

3. 写两个函数,分别求两个整数的最大公约数和最小公倍数,用主函数调用这两个函数并输出结果。两个整数在主函数中用键盘输入。

4. 定义一个函数,判断数 x 是否为回文数,如果是则返回 1,否则返回 0。在主函数中调用该函数,求 1～10 000 的回文数的个数。

5. 用函数求 $s＝1/n+1/(n+1)+1/(n+2)+\cdots+1/m$ 之和。其中:$n<m$,且 n、m 之值在主函数中由键盘输入。

6. 写出实验报告,实验报告要求如下。

① 问题分析:写出解决问题的算法思路;画出程序流程图。

② 源程序:根据算法思想或程序流程图编写源程序。

③ 调试记录:记录源程序在上机调试时出现的各种问题及其解决办法。

④ 总结:总结本次实验的经验与教训。

实验 7　递 归 函 数

一、实验目的

1. 进一步掌握 C 语言函数的定义与调用规则。
2. 掌握递归函数的定义与调用。

二、实验范例

[范例 1]　用递归函数求 $s＝1/(1*2)+1/(2*3)+\cdots+1/(n*(n+1))$。

```c
/* syfl7_1.c */
#include <stdio.h>
float fun(int n)
{
    float s;
    if(n==1)    s=0.5;
    else    s=fun(n-1)+1.0/n/(n+1);
    return s;
}
int main()
{
    int n;
    scanf("%d",&n);
    printf("%f\n",fun(n));
    return 0;
}
```

[范例 2]　用递归方法计算学生的年龄。已知第一位学生的年龄最小为 10 岁,其余学生一个比一个大 2 岁,求第 5 位学生的年龄。

```
/* syfl7_2.c */
#include  <stdio.h>
int age(int n)
{
    int c;
    if(n==1) c=10;
    else c=age(n-1)+2;
    return c;
}
int main()
{
    int n=5;
    printf("age=%d\n",age(n));
    return 0;
}
```

三、实验

分析或编写程序并上机调试通过，然后写出实验报告。

1. 从键盘输入 ABCDEFG?，分析下述程序的运行结果，然后上机验证。

```
/* sy7_1.c */
#include  <stdio.h>
void string()
{
    char ch;
    ch=getchar();
    if(ch!='?')  string();
    putchar(ch);
}
int main()
{
    string();
    return 0;
}
```

2. 编写计算 x 的 y 次幂的递归函数 getpower(int x,int y)，并编写主程序进行测试。注意 x、y 是有符号整型变量，测试时要测试 x 或 y 的值为负整数的情况。

3. 使用递归的方法计算下列多项式。多项式的递归定义如下：

$$P_n(x)=\begin{cases} 1 & n=0 \\ x & n=1 \\ ((2n-1)xP_{n-1}(x)-(n-1)P_{n-2}(x))/n & n>1 \end{cases}$$

4. 写出实验报告，实验报告要求如下。

① 问题分析：写出解决问题的算法思路；画出程序流程图。

② 源程序:根据算法思想或程序流程图编写源程序。

③ 调试记录:记录源程序在上机调试时出现的各种问题及其解决办法。

④ 总结:总结本次实验的经验与教训。

实验 8　存 储 类 型

一、实验目的

1. 掌握 C 语言程序中主调函数和被调函数之间进行数据传递的规则。

2. 掌握局部变量和全局变量的作用域。

3. 掌握静态变量的作用域及使用。

二、实验范例

[范例 1]　求下列程序运行结果。

```c
/* syfl8_1.c */
#include  <stdio.h>
#include  <conio.h>
int main()
{
    void fun1(void);
    int i=1;
    printf("In main,first i=%d\n",i);
    {
        int i=8;
        printf("In main,second i=%d\n",i);
    }
    fun1();
    printf("In main,third i=%d\n",i);
    fun1();
    return 0;
}
void fun1(void)
{
    int i=9;
    i++;
    printf("In fun1,i=%d\n",i);
}
```

请自行分析程序运行结果,以熟悉局部变量的作用域和生存期。

上述程序运行正确的结果为:

```
In main,first i=1
In main,second i=8
```

```
In fun1,i=10
In main,third i=1
In fun1,i=10
```

[范例2] 求程序运行结果并自行分析。

```c
/* syfl8_2.c */
#include  <stdio.h>
void num()
{
    extern int x,y;
    int a=15,b=10;
    x=a-b;
    y=a+b;
}
int x,y;
int main()
{
    int a=7,b=5;
    x=a+b;
    y=a-b;
    num();
    printf("%d,%d\n",x,y);
    return 0;
}
```

程序运行正确的结果为:5,25。

根据上述程序的结果,对如下问题进行思考,并分析其结果:

① 如果在 num 函数中第 2 行不加上 extern 前缀,其结果如何呢?(提示:函数 num 内定义的是局部变量 x、y,其作用域范围为函数 num 内部,与 main 函数中用的全局变量 x、y 无关,故输出结果是:12,2)

② 如果在 num 函数中第 2 行不加上 extern 前缀,而是位于程序文件的顶部定义全局变量 int x,y;呢,其结果又如何?(提示:输出结果仍是:12,2。因为此时虽然全局变量 x、y 的作用域是整个文件,但注意到在局部变量和全局变量在同一模块发生作用时,同名全局变量将被屏蔽而不起作用)

三、实验

分析或编写程序并上机调试通过,然后写出实验报告。

1. 写出下列程序的运行结果。

```c
/* sy8_1.c */
#include  <stdio.h>
func(int a,int b)
{
    static int m=0,i=2;
```

```
        i+=m+1;
        m=i+a+b;
        return m;
}
int main()
{
        int k=4,m=1,p;
        p=func(k,m);
        printf("%d,",p);
        p=func(k,m);
        printf("%d,",p);
        return 0;
}
```

2. 写出下列程序的运行结果。

```
/* sy8_2.c */
#include   <stdio.h>
int d=1;
void fun(int p)
{
        int d=5;
        d+=p++;
        printf("%d\n",d);
}
int main()
{
        int a=3;
        fun(a);
        d+=a++;
        printf("%d\n",d);
        return 0;
}
```

3. 写出下列程序的运行结果。

```
/* sy8_3.c */
#include   <stdio.h>
#define   PT 5.5
#define   S(x)   PT*x*x
int main()
{
        int a=1,b=2;
        printf("%4.1f\n",S(a+b));
        return 0;
}
```

4. 写出下列程序的运行结果。

```
/* sy8_4.c */
#include  <stdio.h>
int d=1;
int fun(int p)
{
    static int d=5;
    d+=5;
    printf("%d\n",d);
    return d;
}
int main()
{
    int a=3;
    printf("%d\n",fun(a+fun(d)));
    return 0;
}
```

5. 利用静态局部变量,用函数实现求:s＝1＋2＋3＋…＋100。

6. 写出实验报告,实验报告要求如下。

① 问题分析:写出解决问题的算法思路;画出程序流程图。

② 源程序:根据算法思想或程序流程图编写源程序。

③ 调试记录:记录源程序在上机调试时出现的各种问题及其解决办法。

④ 总结:总结本次实验的经验与教训。

实验 9　一 维 数 组

一、实验目的

1. 掌握一维数组的定义、初始化和引用。

2. 掌握字符数组和常用字符串操作函数的定义与使用。

3. 掌握一维数组或字符数组在用作函数参数时的合理运用。

二、实验范例

[范例 1]　编写一个密码检测程序,程序执行时,要求用户输入密码(标准密码预先设定),然后通过字符串比较函数比较输入密码和标准密码是否相等。若相等,则显示"口令正确"并转去执行后继程序;若不相等,重新输入,3次都不相等则终止程序的执行。要求自己编写一个字符串比较函数,而不使用 strcmp( )函数。

```
/* syfl9_1.c */
#include  <stdio.h>
#include  <conio.h>
#include  <stdlib.h>
int strcompare(char str1[],char str2[])          /* 对两个字符串进行比较的函数 */
```

```
{
    int i=0;
    while(str1[i]==str2[i] && str1[i]!=0 && str2[i]!=0)
        i++;
    return str1[i]-str2[i];
}
int main()
{
    char password[20]="my password";        /* 定义字符数组password存放原始密码 */
    char input_pass[80];
    int i=0;
    while(1)
    {
        printf("请输入密码\n");
        gets(input_pass);                                    /* 输入密码 */
        if(strcompare(input_pass,password)!=0)
            printf("口令错误,按任意键继续!\n");
        else
            break;                                  /* 输入正确的密码,跳出循环 */
        getchar();
        i++;
        if(i==3) exit(0);                          /* 输入3次错误的密码,退出程序 */
    }
    printf("恭喜,您输入的口令正确!");               /* 跳出while循环后,执行此语句 */
    return 0;
}
```

三、实验

编写程序并上机调试通过,然后写出实验报告。

1. 输入5个整数,并存放在一维数组中,找出最大数与最小数所在的下标位置,并把两者对调,然后输出调整后的5个数。

2. 输入一字符串,求该字符串的长度,不准用strlen()函数。

3. 编一程序用简单选择排序方法对10个整数排序(从大到小)。

4. 编写一程序,实现两个字符串的连接,不准用strcat()函数。

5. 写出实验报告,实验报告要求如下。

① 问题分析:说明采用什么数据结构(如是一维数组还是字符数组);写出解决问题的算法思路;画出程序流程图。

② 源程序:根据算法思想或程序流程图编写源程序。

③ 调试记录:记录源程序在上机调试时出现的各种问题及其解决办法。

④ 总结:总结本次实验的经验与教训。

实验 10　二维与多维数组

一、实验目的

1. 掌握二维数组和多维数组的定义、初始化和引用。
2. 掌握二维及多维数组在用作函数参数时的合理运用。

二、实验范例

[范例 1]　从键盘输入一个二维数组 a，然后将该二维数组行和列中的元素互换，存到

另一个二维数组 b 中。例如：a $= \begin{bmatrix} 1 & 2 & 3 \\ 4 & 5 & 6 \end{bmatrix}$，则 b $= \begin{bmatrix} 1 & 4 \\ 2 & 5 \\ 3 & 6 \end{bmatrix}$。

```c
/* syfl10_1.c*/
#include  <stdio.h>
#define N 2
#define M 3
int main()
{
    int a[N][M];
    int i,j,b[M][N];                              /* 定义二维整型数组 a 和 b*/
    printf("Please input array a:\n");
    for(i=0;i<N;i++)                              /* 利用双重循环通过键盘给数组 a 赋值 */
        for(j=0;j<M;j++)
        {
            printf("a[%d][%d]=",i,j);
            scanf("%d",&a[i][j]);
        }
    printf("Array a:\n");
    for(i=0;i<N;i++)                              /* 利用双重循环输出数组 a 并给数组 b 赋值 */
    {
        for(j=0;j<M;j++)
        {
            printf("%5d",a[i][j]);
            b[j][i]=a[i][j];
        }
        printf("\n");
    }
    printf("Array b:\n");
    for(j=0;j<M;j++)                              /* 利用双重循环输出数组 b 的值 */
    {
```

```
    for(i=0;i<N;i++)
        printf("%5d",b[j][i]);
    printf("\n");
    }
    return 0;
}
```

运行结果如下：

```
Please input array a:
a[0][0]=1
a[0][1]=2
a[0][2]=3
a[1][0]=4
a[1][1]=5
a[1][2]=6
Array a:
    1   2   3
    4   5   6
Array b:
    1   4
    2   5
    3   6
```

（注：以上 5 行数字左端有 4 个空格。）

[范例 2]　编写一程序计算两个矩阵的叉乘，并输出结果。例如：a＝

$$\begin{bmatrix} 1 & 2 & 3 & 4 \\ 5 & 6 & 7 & 8 \\ 9 & 10 & 11 & 12 \end{bmatrix}, b = \begin{bmatrix} 1 & 2 & 3 \\ 4 & 5 & 6 \\ 7 & 8 & 9 \\ 10 & 11 & 12 \end{bmatrix}, 则 a \times b = \begin{bmatrix} 70 & 80 & 90 \\ 158 & 184 & 210 \\ 246 & 288 & 330 \end{bmatrix}。$$

```
/* syfl10_2.c */
#include <stdio.h>
#define N 3
#define M 4
int main()
{
    int a[N][M],b[M][N];              /* 定义二维整型数组 a 和 b */
    int i,j,k,s;
    printf("Please input array a:\n");
    for(i=0;i<N;i++)                   /* 利用双重循环通过键盘给数组 a 赋值 */
        for(j=0;j<M;j++)
        {
            printf("a[%d][%d]=",i,j);
            scanf("%d",&a[i][j]);
        }
```

```
    printf("Please input array b:\n");
    for(i=0;i<M;i++)                          /* 利用双重循环通过键盘给数组 b 赋值 */
        for(j=0;j<N;j++)
        {
            printf("b[%d][%d]=",i,j);
            scanf("%d",&b[i][j]);
        }
    printf("Array a:\n");
    for(i=0;i<N;i++)                          /* 输出数组 a 的值 */
    {
        for(j=0;j<M;j++)
            printf("%5d",a[i][j]);
        printf("\n");
    }
    printf("Array b:\n");
    for(i=0;i<M;i++)                          /* 输出数组 b 的值 */
    {
        for(j=0;j<N;j++)
            printf("%5d",b[i][j]);
        printf("\n");
    }
    printf("The result array is:\n");
    for(i=0;i<N;i++)                          /* 计算 s=a×b 的值,并输出数组 s 的值 */
    {
        for(j=0;j<N;j++)
        {
            for(k=s=0;k<M;k++)
                s+=a[i][k]* b[k][j];
            printf("%5d",s);
        }
        printf("\n");
    }
    return 0;
}
```

运行结果如下：

```
Please input array a:
a[0][0]=1
a[0][1]=2
a[0][2]=3
a[0][3]=4
a[1][0]=5
a[1][1]=6
a[1][2]=7
```

```
a[1][3]=8
a[2][0]=9
a[2][1]=10
a[2][2]=11
a[2][3]=12
Please input array b:
b[0][0]=1
b[0][1]=2
b[0][2]=3
b[1][0]=4
b[1][1]=5
b[1][2]=6
b[2][0]=7
b[2][1]=8
b[2][2]=9
b[3][0]=10
b[3][1]=11
b[3][2]=12
Array a:
    1      2      3      4
    5      6      7      8
    9     10     11     11
Array b:
    1      2      3
    4      5      6
    7      8      9
   10     11     12
The result array is:
   70     80     90
  158    184    210
  246    288    330
```

三、实验

编写程序并上机调试通过,然后写出实验报告。

1. 编写一个程序,向一个三维数组输入值并输出该数组全部元素。

2. 给定一 3×4 的矩阵,求出其中的最大元素值及其所在的行列号。

3. 写出实验报告,实验报告要求如下。

① 问题分析:说明采用什么数据结构(如是二维数组还是三维以上数组);写出解决问题的算法思路;画出程序流程图。

② 源程序:根据算法思想或程序流程图编写源程序。

③ 调试记录:记录源程序在上机调试时出现的各种问题及其解决办法。

④ 总结:总结本次实验的经验与教训。

实验 11　指　　针

一、实验目的

1. 掌握指针、指针变量的概念，掌握"&"和"＊"运算符的使用。

2. 熟练使用指向变量、数组、字符串、函数的指针变量，掌握通过指针引用以上各类型数据的方法。

3. 掌握使用指针作为函数参数的方法和返回指针值的指针函数。

4. 掌握二级指针、指针数组等重要概念。

二、实验范例

［范例 1］　编写一程序，用于统计从键盘输入的字符串中的元音字母(a,A,e,E,i,I,o,O,u,U)的个数。

```c
/* syfl11_1.c */
#include <stdio.h>
fun(char *s)
{
    char a[]="aAeEiIoOuU",*p;
    int n=0;
    while(*s)
    {
        for(p=a;*p;p++)
            if(*p==*s)
            {
                n++;
                break;
            }
        s++;
    }
    return n;
}
int main()
{
    char str[255];
    printf("请输入一个字符串:");
    gets(str);
    printf("该字符串中元音字母的个数为:%d\n",fun(str));
    return 0;
}
```

三、实验

编写程序并上机调试通过,然后写出实验报告。

1. 编写 compare (char *s1,char *s2)函数,实现比较两个字符串大小的功能。

2. 编写 strcpy (char *s,char *t)函数,实现把 t 指向的字符串复制到 s 中。

3. 编一程序,求出从键盘输入的字符串的长度。

4. 编一指针函数,求一字符串的子串,并返回子串的首地址。

5. 输入一行字符,统计其中分别有多少个单词和空格。比如输入:"How are you",有 3 个单词和 2 个空格。

6. 输入 5 个字符串,将这 5 个字符串按从小到大的顺序排列后输出。要求用二维字符数组存放这 5 个字符串,用指针数组元素分别指向这 5 个字符串。

7. 模拟计算器中的加减乘除运算。

8. 写出实验报告,实验报告要求如下。

① 问题分析:说明采用什么数据结构(如是指针数组、函数指针还是二级指针);写出解决问题的算法思路;画出程序流程图。

② 源程序:根据算法思想或程序流程图编写源程序。

③ 调试记录:记录源程序在上机调试时出现的各种问题及其解决办法。

④ 总结:总结本次实验的经验与教训。

实验 12　命令行参数

一、实验目的

1. 进一步掌握运用指针熟练进行编程的方法和技巧。

2. 掌握带命令行参数的 main( )函数的使用方法与技巧。

二、实验范例

[范例 1]　编写一程序,用于统计命令行第 1 个参数中出现的字母个数。假设程序存在 C 盘根目录,文件名为 count. c,编译后生成 count. exe。则执行命令:

```
C:\>count  excellent123
```
后的结果为:

命令行第 1 个参数中的字母个数为:9。

```
/* syfl12_1. c,该程序以 count. c 文件名存盘,并编译生成 count. exe 文件 */
#include  <stdio.h>
#include  <ctype.h>
int main(int argc,char *argv[])
{
    char *str;
    int n=0;
    if(argc<2)    return -1;
```

```
    str=argv[1];
    while(*str)
        if(isalpha(*str++))                                    /* 检查字符是否是字母 */
            n++;
    printf("命令行第 1 个参数中的字母个数为:%d\n",n);
    return 0;
}
```

　　[**范例 2**]　编写一程序,统计命令行中参数的个数,并将命令行中的各个参数逐行显示出来。假设文件名为 myprogram. c,编译生成的可执行文件的位置及名称为 c:\tc\myprogram. exe,则执行命令:

```
    c:\tc>myprogram  one  two  three  four
```
后的结果为:

```
    命令行中参数的个数为:5
    命令行中第 0 个参数为:c:\tc\myprogram.exe
    命令行中第 1 个参数为:one
    命令行中第 2 个参数为:two
    命令行中第 3 个参数为:three
    命令行中第 4 个参数为:four
    /* syfl12_2.c */
    /* myprogram.c */
    #include  <stdio.h>
    int main(int argc,char *argv [])
    {
        int i;
        printf("命令行中参数的个数为:%d\n",argc);
        for(i=0;i<argc;i++)
            printf("命令行中第%d 个参数为:%s\n",i,argv[i]);
        return 0;
    }
```

三、实验

　　编写程序并上机调试通过,然后写出实验报告。

　　1. 将上面两个实验范例调试成功。

　　2. 若以下程序所生成的可执行文件名为 myfile. exe,当执行命令

```
    myfile  CHINA  BEIJING  CHANGSHA
```
后,程序的输出结果是什么? 程序如下:

```
    /* syl2_1.c */
    #include  <stdio.h>
    int main(int argc,char *argv[])
    {
        while(--argc>0)
        {
```

```
        ++argv;
        printf("%s\n",*argv);
    }
    return 0;
}
```

3. 若以下程序所生成的可执行文件名为 myfile.exe,当执行命令

```
myfile  CHINA  BEIJING  CHANGSHA
```

后,程序的输出结果是什么? 程序如下:

```
/* sy12_2.c */
#include  <stdio.h>
int main(int argc,char *argv[])
{
    int i;
    if(argc<2)
        return  -1;
    for(i=1;i<argc;i++)
        printf("%c",*argv[i]);
    return 0;
}
```

4. 写出实验报告,实验报告要求如下。
① 程序分析:分析源程序并分析得出什么结果。
② 调试记录:记录源程序在上机调试时出现的各种问题及其解决办法。
③ 总结:总结本次实验的经验与教训。

实验 13　结　构　体

一、实验目的

1. 掌握结构类型定义方法以及结构体变量的定义和引用。
2. 掌握指向结构体变量的指针变量的应用。
3. 掌握结构数组的应用。
4. 掌握运算符“.”和“->”的应用。

二、实验范例

[范例 1]　编写一个简单的账目实例。用结构类型数组保存账目信息,所存储的信息包括:项目名(item)、价格(cost)、现存量(on_hand)。程序要求具有增加账目条、删除账目条、显示账目条和退出 4 个功能,通过菜单来选择执行。

```
/* syfl13_1.c */
#include  <stdio.h>
#include  <stdlib.h>
#define  MAX  100
```

```
struct inv                                    /* 定义一个结构类型 inv */
{
    char item[30];
    double cost;
    int on_hand;
}inv_info[MAX];                               /* 定义了一个记录数为 100 的结构数组变量 */
void init_list(),list(),Delete(),enter();                     /* 函数声明 */
int menu_select(),find_free();                                /* 函数声明 */
int main()
{
    int choice;
    init_list();                             /* 调用 init_list 函数,初始化结构数组 */
    for(;;)
    {
        choice=menu_select();                                /* 显示主菜单 */
        switch(choice)
        {
            case 1:
                enter();                                     /* 调用 enter()函数 */
                break;
            case 2:
                Delete();                                    /* 调用 Delete()函数 */
                break;
            case 3:
                list();                                      /* 调用 list()函数 */
                break;
            case 4:
                exit(0);                                     /* 退出程序 */
        }
    }
    return 0;
}

void init_list()                                             /* 初始化结构数组 */
{
    int t;
    /* 将所有项目名 item 第一个字节赋以空字符 */
    for(t=0;t<MAX;++t)
        inv_info[t].item[0]='\0';
}
int menu_select()                                            /* 主菜单选择 */
{
    char s[80];
```

```
    int c;
    printf("\n");
    printf("1.Enter a item\n");
    printf("2.Delete a item\n");
    printf("3.List the inventory\n");
    printf("4.Exit\n");
    do
    {
        printf("\n Enter your choice:");
        gets(s);
        c=atoi(s);
    } while(c<0 || c>4);
    return c;                                /* 返回 c 值,c 可以是 1、2、3 或 4 */
}


/* 输入账目信息 */
void enter()
{
    int slot;
    char s[80];
    double x;
    slot=find_free();
    if(slot==-1)                             /* 如果数组已满,则显示信息"list full" */
    {
        printf("\n list full");
        return;
    }
    printf("Please enter item:");
    gets(inv_info[slot].item);
    printf("Please enter cost:");
    gets(s);
    x=atof(s);
    inv_info[slot].cost=x;
    printf("Please enter number on hand:");
    scanf("%d%*c",&inv_info[slot].on_hand);
}
int find_free()                             /* 返回能存入数据的位置,或返回无空位置标志"-1" */
{
    int t;
    for(t=0;inv_info[t].item[0] && t<MAX;++t);
    if(t==MAX)
        return  -1;
    return t;
```

```
    }

    void Delete()                                          /* 删除用户指定的项目序号 */
    {
        int slot;
        char s[80];
        printf("enter record #:");                        /* 记录号是从序号 0 开始的 */
        gets(s);
        slot=atoi(s);
        if(slot>=0 && slot<=MAX) inv_info[slot].item[0]='\0';
        /* 将指定删除的记录的项目名的第一个字节赋以空字符 */
    }
    void list()                                            /* 显示列表 */
    {
        int t;
        for(t=0;t<MAX;++t)
        {
            if(inv_info[t].item[0])
            {
                printf("item: %s\n",inv_info[t].item);
                printf("cost: %f\n",inv_info[t].cost);
                printf("on hand: %d\n\n",inv_info[t].on_hand);
            }
        }
        printf("\n\n");
    }
```

三、实验

编写程序并上机调试通过,然后写出实验报告。

1. 自己编写一个学籍管理程序。用结构类型数组保存学生信息,所存储的信息包括:姓名(name)、性别(sex)、班级(class)、计算机(computer)、英语(English)、数学(math)3 科成绩以及总分(sum)和平均(average)两项统计。程序要求具有增加记录、删除记录、显示记录和退出 4 个功能,通过菜单来选择执行。

2. 写出实验报告,实验报告要求如下。

① 问题分析:写出解决问题的算法思路;画出程序流程图。

② 源程序:根据算法思想或程序流程图编写源程序。

③ 调试记录:记录源程序在上机调试时出现的各种问题及其解决办法。

④ 总结:总结本次实验的经验与教训。

实验14　共　用　体

一、实验目的

1. 掌握共用类型的概念,比较其与结构类型的异同。
2. 掌握共用类型数据的定义和引用。

二、实验范例

[范例1]　字符0的 ASCII 码的十进制数为48,写出下面程序的输出结果。

```c
/* syfl14_1.c */
#include  <stdio.h>
#include  <stdlib.h>
int main()
{
    union
    {
        short a[2];
        long k;
        char c[4];
    }r,*s=&r;
    s->a[0]=56;
    s->a[1]=48;
    printf("%c\n",s->c[0]);
    return 0;
}
```

分析:本程序中,共用体类型各个成员共同占用的字节是4个字节,s->a[0]占2个字节,但由于低位字节优先存储,2个字节依次存储的是56和0,所以通过 s->c[0] 读到的值是56,按字符格式显示为8。可以上机加以验证。

[范例2]　写出下面程序的输出结果。

```c
/* syfl14_2.c */
#include  <stdio.h>
int main()
{
    union
    {
        short a;  char c[2];
    } s;
    s.a=270;
    printf("%d,%d\n",s.c[0],s.c[1]);
    return 0;
```

```
}
```

分析:本程序中,共用体变量 s 中有 2 个成员:整型变量 a 和字符型数组 c,它们占用同一段内存区。将 270 赋给成员 a,它占 2 个字节,对应的二进制数为 0000 0001 0000 1110。当以%d 格式输出成员 c 的 2 个元素时,c[0]的值即是低字节的值 14,c[1]的值即是高字节的值 1。所以,该程序的运行结果为:14,1。通过上机调试来加深对共用体的理解。

三、实验

编写程序并上机调试通过,然后写出实验报告。

1. 输入下列程序并运行,然后分析该程序。

```c
/* sy14_1.c */
#include  <stdio.h>
int main()
{
    union cif_ty
    {
        char c;
        int i;
        float f;
    } ug[3];
    printf("ug:%u\n",ug);
    printf("ug[0] address:%u\n",&ug[0]);
    printf("ug[0].c%u\n",&ug[0].c);
    printf("ug[0].i%u\n",&ug[0].i);
    printf("ug[0].f%u\n",&ug[0].f);
    return 0;
}
```

2. 若将某个班级的学生和任课教师的数据放在同一表格中。教师的数据包括姓名、职业和职务,学生的数据包括姓名、职业和学号。数据的类型定义如下:

```c
struct data
{
char name[12];
char job;
union
{
    char zhiwu[20];
    int xuehao;
}
}
```

其中,job 用"s"表示学生,用"t"表示教师;zhiwu[20]可以存储如"C 语言任课教师"或"数学任课教师"之类的字符串;"xuehao"用于存储学生的学号。试编写程序进行数据的输入与输出。

3. 写出实验报告,实验报告要求如下。

① 问题分析:写出解决问题的算法思路;画出程序流程图。

② 源程序:根据算法思想或程序流程图编写源程序。

③ 调试记录:记录源程序在上机调试时出现的各种问题及其解决办法。

④ 总结:总结本次实验的经验与教训。

实验 15 文 件 操 作

一、实验目的

1. 掌握文件类型指针(FILE 类型)的定义。

2. 掌握文件操作函数:fopen( )、fclose( )、fread( )、fseek( )、fwrite( )和 rewind( )等。

3. 掌握文件操作的程序设计方法。

二、实验范例

[范例 1] 编写一个程序,由键盘输入一个文件名,然后把键盘输入的字符存放到该文件中,用"#"作为结束输入的标志。

```c
/* syfl15_1.c */
#include  <stdio.h>
#include  <stdlib.h>
int main()
{
    FILE *fp;
    char ch,fname[10];
    puts("Please input name of file");
    gets(fname);
    if((fp=fopen(fname,"w"))==NULL)
    {
        puts("Can't open file.");
        exit(0);
    }
    printf("Please enter data\n");
    while((ch=getchar())!='#')
        fputc(ch,fp);
    fclose(fp);
    return 0;
}
```

三、实验

编写程序并上机调试通过,然后写出实验报告。

1. 编写一个 display. c 程序实现文件的 ASCII 码和对应字符的显示。例如,display

example.c 的部分结果如下图所示：

```
000000:  2f 2a 65 78 61 6d 70 6c 65 2e 63 2a 2f 0a 23 69  /*example.c*/.#i
000010:  6e 63 6c 75 64 65 20 3c 73 74 64 69 6f 2e 68 3e  nclude <stdio.h>
000020:  0a 23 69 6e 63 6c 75 64 65 20 3c 73 74 64 6c 69  .#include <stdli
000030:  62 2e 68 3e 0a 23 69 6e 63 6c 75 64 65 20 3c 63  b.h>.#include <c
000040:  6f 6e 69 6f 2e 68 3e 0a 6d 61 69 6e 28 69 6e 74  onio.h>.main(int
000050:  20 61 72 67 63 2c 20 63 68 61 72 20 2a 61 72 67   argc, char *arg
000060:  76 5b 5d 29 0a 7b 09 63 68 61 72 20 6c 65 74  v[]).{..char let
000070:  74 65 72 5b 31 37 5d 3b 0a 09 69 6e 74 20 63 2c  ter[17];..int c,
000080:  69 2c 63 6f 75 6e 74 3b 0a 09 46 49 4c 45 20 2a  i,count;..FILE *
000090:  66 70 3b 0a 09 66 72 65 6f 70 65 6e 28 22 64 3a  fp;..freopen("d:
0000a0:  5c 5c 64 2e 6f 75 74 22 2c 22 77 22 2c 73 74 64  \\d.out","w",std
0000b0:  6f 75 74 29 3b 0a 09 69 66 28 61 72 67 63 3c 32  out);..if(argc<2
0000c0:  29 0a 09 7b 0a 09 09 70 72 69 6e 74 66 28 22 55  )..{...printf("U
```

2. 编写一个程序，要求从键盘输入 n 条学生记录，输入内容为学生姓名 name、学号 num、两科成绩 score[0]和 score[1]，程序应能计算出每个学生的总分和平均成绩，并按总分排好名次。最后要求将所有学生记录按照排名后的顺序依次写入名为 paiming.txt 的文件中。

3. 写出实验报告，实验报告要求如下。

① 问题分析：写出解决问题的算法思路；画出程序流程图。

② 源程序：根据算法思想或程序流程图编写源程序。

③ 调试记录：记录源程序在上机调试时出现的各种问题及其解决办法，

④ 总结：总结本次实验的经验与教训。

第二部分　C语言程序设计习题与解答

题解1　绪　　论

一、习题

(一)选择题

1. 一个完整的可运行的C源程序中(　　)。
   A. 可以有一个或多个主函数　　　　　B. 必须有且仅有一个主函数
   C. 可以没有主函数　　　　　　　　　D. 必须有主函数和其他函数

2. 构成C语言源程序的基本单位是(　　)。
   A. 子程序　　　　B. 过程　　　　C. 文本　　　　D. 函数

3. 某C程序由一个主函数main( )和一个自定义函数max( )组成,则该程序(　　)。
   A. 总是从max( )函数开始执行　　　B. 写在前面的函数先开始执行
   C. 写在后面的函数先开始执行　　　D. 总是从main( )函数开始执行

4. C语言规定,一个C源程序的主函数名必须为(　　)。
   A. program　　　B. include　　　C. main　　　D. function

5. 下列说法正确的是(　　)。
   A. 在书写C语言源程序时,每个语句以逗号结束
   B. 注释时,'/'和'*'号间可以有空格
   C. 无论注释内容的多少,在对程序编译时都被忽略
   D. C程序每行只能写一个语句

6. C语言源程序文件的后缀是(　　),经过Compile后,生成文件的后缀是(　　),经过Build后,生成文件的后缀是(　　)。
   A. .obj　　　　B. .exe　　　　C. .c　　　　D. .doc

7. Visual C++ 6.0 IDE的编辑窗口的主要功能是(　　),输出窗口的主要功能是(　　),调试器(Debug)的主要功能是(　　)。
   A. 建立并修改程序　　　　　　　　B. 将C源程序编译成目标程序
   C. 跟踪分析程序的执行　　　　　　D. 显示编译结果信息(如语法错误等)

8. 在Visual C++ 6.0开发环境下,C程序按工程(project)进行组织,每个工程可包括(　　)C/CPP源文件,但只能有(　　)main函数。
   A. 1个　　　　B. 2个　　　　C. 3个　　　　D. 1个以上(含1个)

9. 调试程序时,如果某个语句后少了一个分号,调试时会提示错误,这种情况一般称之为(　　)。而某个"计算2的平方"的程序在调试时没有提示出错,而且成功执行并计算出

了结果,只是结果等于 5,这种情况一般称之为( )。

    A. 语法错误   B. 正常情况   C. 编译器出错   D. 逻辑设计错误

(二)简答题

1. 如何使用注释语句?使用注释有何好处?

2. C 程序对书写格式有何要求?规定书写格式有何好处?

3. 简述 C 程序上机调试的一般步骤?

4. 简述 C 程序从 .c 源文件到 .exe 可执行文件的生成过程?

二、习题解答

(一)单项选择题

1. B。在 C 源程序中,可以有零个或多个自定义函数,但必须有且只能有一个主函数 main( )。所以答案为 B。

2. D。本题考查 C 语言的结构特征。C 语言的源程序是由函数构成的,一个 C 程序至少包含一个 main( )函数。因此,正确答案为 D。

3. D。任何 C 程序都是从 main( )函数开始执行的。所以答案是 D。

4. C。

5. C。

6. C、A、B。

7. A、D、C。

8. D、A。

9. A、D。

(二)简答题(答案略)

题解 2　基本数据类型与运算符

一、习题

(一)选择题

1. C 语言中最基本的非空数据类型包括( )。

    A. 整型、浮点型、空类型

    B. 整型、字符型、空类型

    C. 整型、单精度浮点型、字符型

    D. 整型、单精度浮点型、双精度浮点型、字符型

2. C 语言中运算对象必须是整型的运算符是( )。

    A. %   B. /   C. =   D. <=

3. 若已定义 x 和 y 为 int 类型,则执行了语句 x=1;y=x+3/2;后 y 的值是( )。

    A. 1   B. 2   C. 2.0   D. 2.5

4. 若有以下程序段:

```
int a=1,b=2,c;
c=1.0/b * a;
```

则执行后,c 中的值是(　　)。

A. 0　　　　　　B. 0.5　　　　　　C. 1　　　　　　D. 2

5. 能正确表示逻辑关系:"a≥10 或 a≤0"的 C 语言表达式是(　　)。

　　A. a>=10 or a<=0　　　　　　　　B. a>=0|a<=10

　　C. a>=10 && a<=0　　　　　　　　D. a>=10||a<=0

6. 下列字符序列中,不可用作 C 语言标识符的是(　　)。

　　A. xky327　　　　B. No.1　　　　C. _ok　　　　D. zwd

7. 在 printf( )函数中,反斜杠字符'\'表示为(　　)。

　　A. \'　　　　　　B. \0　　　　　　C. \n　　　　　　D. \\

8. 设先有定义:

```
int a=10;
```

则表达式 a+=a * =a 的值为(　　)。

　　A. 10　　　　　B. 100　　　　　C. 1000　　　　　D. 200

9. 设先有定义:

```
int a=10;
```

则表达式 (++a)+(a--)的值为(　　)。

　　A. 20　　　　　B. 21　　　　　C. 22　　　　　D. 19

10. 有如下程序:

```
#include <stdio.h>
int main( )
{
    int y=3,x=3,z=1;
    printf("%d%d\n",(++x,y++),z+2);
    return 0;
}
```

运行该程序的输出结果是(　　)。

　　A. 3　4　　　　B. 4　2　　　　C. 4　3　　　　D. 3　3

11. 假定 x、y、z、m 均为 int 型变量,有如下程序段:

```
x=2;y=3;z=1;
m=(y<x)? y:x;
m=(z<y)? m:y;
```

则该程序运行后,m 的值是(　　)。

　　A. 4　　　　　B. 3　　　　　C. 2　　　　　D. 1

12. 以下选项中合法的字符常量是(　　)。

　　A. "B"　　　　　B. '\010'　　　　C. 68　　　　D. D

13. 设 x=3,y=4,z=5,则 ((x+y)>z)&&(y==z)&&x||y+z&&y+z 的值为(　　)。

　　A. 0　　　　　B. 1　　　　　C. 2　　　　　D. 3

14. 如果 a=1,b=2,c=3,d=4,则条件表达式 a<b?a:c<d?c:d 的值为(　　)。

A. 1   B. 2   C. 3   D. 4

15. 设 `int m=1,n=2;` 则 `m++==n` 的结果是（   ）。

A. 0   B. 1   C. 2   D. 3

（二）填空题

1. 表达式 `10/3` 的结果是 ___[1]___；`10%3` 的结果是 ___[2]___。

2. 执行语句：`int a=12;a+=a-=a*a;` 后的值是 ___[3]___。

3. 以下语句的输出结果是 ___[4]___。

```
short b=65535;
printf("%d",b);
```

4. 以下程序的执行结果是 ___[5]___。

```
#include <stdio.h>
int main()
{
    int a,b,x;
    x=(a=3,b=a--);
    printf("x=%d,a=%d,b=%d\n",x,a,b);
    return 0;
}
```

5. 以下程序的执行结果是 ___[6]___。

```
#include <stdio.h>
int main()
{
    float f1,f2,f3,f4;
    int m1,m2;
    f1=f2=f3=f4=2;
    m1=m2=1;
    printf("%d\n",(m1=f1>=f2)&&(m2=f3<f4));
    return 0;
}
```

6. 以下程序的执行结果是 ___[7]___。

```
#include <stdio.h>
int main()
{
    float f=13.8;
    int n;
    n=(int)f%3;
    printf("n=%d\n",n);
    return 0;
}
```

（三）简答题

1. 字符常量和字符串常量有何区别?

2．简述转义字符的用途并举实例加以说明。

3．简述数据类型转换规则并举实例加以说明。

4．简述输入输出函数中"格式字符串"的作用。

二、习题解答

(一) 选择题

1．D。本题考查 C 语言数据类型的概念。C 语言的非空基本类型为整型、浮点型、双精度型和字符型。故只有 D 是正确答案。

2．A。本题考查运算符的运用。重点是要排除 B，"/"号是除法运算符，两边如果都是整数，则属于整除运算，但运算对象也可以不是整数。只有"%"号属于取余运算，两边必须为整数。

3．B。注意 x 和 y 都为整型，则 3/2 属于整除运算。

4．A。如果赋值运算符两侧的类型不一致，在赋值时会自动进行类型转换。如将实型数据赋给整型变量时，会舍弃实数的小数部分。所以正确答案是 A。

5．D。反映"或"关系的运算符是"||"，所以正确答案是 D。

6．B。标识符的命名规则是以下划线或字母开头，由字母、数字或下划线组成。所以正确答案是 B。

7．D。注意该字符属于转义字符。

8．D。自右向左进行运算。

9．C。本题考查自增和自减运算符的使用，++a 的自增是在整个表达式求解一开始时最先进行的，而 a--的自减是在整个表达式求解完成才进行的。按照这个思路，我们可以把该表达式分解成 3 个表达式：先++a，a 的值自增为 11，再 a+a，得表达式的值为 11＋11＝22。因此，正确答案为 C。

10．D。本题考查对逗号表达式的掌握。本题中表达式(++x,y++)的值实际上就是 y 的值。因此，正确答案为 D。

11．C。本题考查对运算符"?:"的掌握，正确答案为 C。

12．B。A 中界限符不对，用双引号括起来的是字符串。C 和 D 不是由单引号括起来的字符常量，只有 B，是一个转义字符。因此，正确答案为 B。

13．B。本题考查逻辑运算符的使用及运算符间的优先关系。题中表达式相当于：((x+y)>z)&&(y==z)&&x||(y+z)&&(y+z)=1&&0&&3||9&&9=0||1=1。因此，正确答案为 B。

14．A。相当于求 a<b?a:(c<d?c:d)，而 a<b 成立，所以表达式的值就是 a 的值，

15．A。表达式中的++是后置运算，属于先用后加。求 m++==n 的结果相当于是求 m==n 的结果。

(二) 填空题

1．[1]　3

　　[2]　1

2．[3]　-264

3．[4]　-1

4. ［5］　x=3,a=2,b=3

5. ［6］　0

6. ［7］　n=1

（三）简答题（答案略）

题 解 3　控 制 结 构

一、习题

（一）选择题

1. 结构化程序模块不具有的特征是（　　）。

   A. 只有一个入口和一个出口

   B. 要尽量多使用 goto 语句

   C. 一般有顺序、选择和循环 3 种基本结构

   D. 程序中不能有死循环

2. C 语言中,逻辑"真"等价于（　　）。

   A. 整数 1　　　　B. 整数 0　　　　C. 非 0 数　　　　D. TRUE

3. 以下 4 条语句中,有语法错误的是（　　）。

   A. if(a>b)　m=a;　　　　　　B. if(a<b)　m=b;

   C. if((a=b)>=0)　m=a;　　　D. if((a=b;)>=0)　m=a;

4. 若 i,j 均为整型变量,则以下循环（　　）。

```
for(i=0,j=2;j=1;i++,j--)
    printf("%5d,%d\n",i,j);
```

   A. 循环体只执行 1 次　　　　B. 循环体执行 2 次

   C. 是无限循环　　　　　　　D. 循环条件不合法

5. 以下程序段,执行结果为（　　）。

```
a=1;
do
{
    a=a*a;
}while(!a);
```

   A. 循环体只执行 1 次　　　　B. 循环体执行 2 次

   C. 是无限循环　　　　　　　D. 循环条件不合法

6. C 语言中 while 与 do～while 语句的主要区别是（　　）。

   A. do～while 的循环体至少无条件执行一次

   B. do～while 允许从外部跳到循环体内

   C. while 的循环体至少无条件执行一次

   D. while 的循环控制条件比 do～while 的严格

7. 语句 while (!a);中条件等价于（　　）。

A. a!=0　　　　　　B. ~a　　　　　　C. a==1　　　　　　D. a==0

8. 以下程序的运行结果为(　　　)。

```
#include <stdio.h>
int main()
{
    int i=1,sum=0;
    while(i<=100)
        sum+=i;
        i++;
    printf("1+2+3+…+99+100=%d",sum);
    return 0;
}
```

A. 5050　　　　　　B. 1　　　　　　C. 0　　　　　　D. 程序陷入死循环

9. 以下程序的运行结果为(　　　)。

```
#include <stdio.h>
int main()
{
    int sum,pad;
    sum=pad=5;
    pad=sum++;
    pad++;
    ++pad;
    printf("%d\n",pad);
    return 0;
}
```

A. 7　　　　　　B. 6　　　　　　C. 5　　　　　　D. 4

10. 以下程序的运行结果为(　　　)。

```
#include <stdio.h>
int main()
{
    int a=2,b=10;
    printf("a=%%d,b=%%d\n",a,b);
    return 0;
}
```

A. a=%2,b=%10　　　　　　　　B. a=2,b=10

C. a=%%d,b=%%d　　　　　　　　D. a=%d,b=%d

11. 为了避免嵌套的 if-else 语句的二义性,C语言规定 else 总是(　　　)。

A. 与缩排位置相同的 if 组成配对关系

B. 与在其之前未配对的 if 组成配对关系

C. 与在其之前未配对的最近的 if 组成配对关系

D. 与同一行上的 if 组成配对关系

12. 对于 for(表达式 1;;表达式 3)可理解为（　　　）。

    A. for(表达式 1;0;表达式 3)

    B. for(表达式 1;1;表达式 3)

    C. for(表达式 1;表达式 1;表达式 3)

    D. for(表达式 1;表达式 3;表达式 3)

（二）程序填空

1. 下面程序的功能是计算 n!。

```c
#include  <stdio.h>
int main()
{
    int i,n;
    long p;
    printf("Please input a number:\n" );
    scanf("%d",&n);
    p= [1] ;
    for (i=2;i<=n;i++)
        [2] ;
    printf("n!=%ld",p);
    return 0;
}
```

2. 下面程序的功能是：从键盘上输入若干学生的成绩，统计并输出最高和最低成绩，当输入负数时结束输入。

```c
#include  <stdio.h>
int main()
{
    float   score,max,min;
    printf("Please input one score:\n");
    scanf("%f",&score);
    max=min=score;
    while( [3] )
    {
        if(score>max)  max=score;
        if( [4] )
            min=score;
        printf("Please input another score:\n");
        scanf("%f",&score);
    }
    printf("The max score is %f\nThe min score is %f\n",max,min);
    return 0;
}
```

3. 下面程序的功能是：计算 $y=\dfrac{x}{1}-\dfrac{x^2}{3}+\dfrac{x^3}{5}-\dfrac{x^4}{7}+\cdots(|x|<1)$ 的值。要求 x 的值从键

盘输入,y 的精度控制在 0.00001 内。

```
#include  <stdio.h>
#include  <math.h>
int main()
{
    float x,y=0,fz=-1,fm=-1,temp=1;
    printf("Please input the value of x:\n");
    scanf("%f",&x);
    while(  [5]  )
    {
        fz=  [6]  ;
        fm=fm+2;
        temp=fz/fm;
        y+=temp;
    }
    printf("y=%f\n",y);
    return 0;
}
```

4. 下面的程序完成两个数的四则运算。用户输入一个实现两个数的四则运算的表达式,程序采用 switch 语句对其运算进行判定后执行相应的运算并给出结果。

```
#include  <stdio.h>
int main()
{
    float x,y;
    char op;
    printf("Please input Expression:");
    scanf("%f%c%f",&x,&op,&y);
    [7]
    {
        case '+':
            printf("%g%c%g=%g\n",  [8]  );
            [9]  ;
        case '-':
            printf("%g%c%g=%g\n",x,op,y,x-y);
            break;
        case '*':
            printf("%g%c%g=%g\n",x,op,y,x*y);
            break;
        case '/':
            if (  [10]  )
                printf("Division Error!\n");
            else
```

```
        printf("%g%c%g=%g\n",x,op,y,x/y);
        break;
    default:printf("Expression Error!\n");
    }
    return 0;
}
```

(三）编程题

1. 给出三角形的三边 a、b、c,求三角形的面积。（应先判断 a、b、c 三边是否能构成一个三角形）

2. 输入 4 个整数,要求将它们按由小到大的顺序输出。

3. 某幼儿园只收 2～6 岁的小孩,2～3 岁编入小班,4 岁编入中班,5～6 岁编入大班,编制程序实现每输入一个年龄,输出该编入什么班。

4. 输入一元二次方程的 3 个系数 a、b、c,求出该方程所有可能的根。

5. 编程求 s＝1－1/2＋1/3－1/4＋ … －1/100。

6. 编程求 1!＋2!＋3!＋…＋10! 之和。

7. 一个灯塔有 8 层,共有 765 盏灯,其中每一层的灯数都是其相邻上层的两倍,求最底层的灯数。

8. 一张 10 元票面的纸钞兑换成 1 元、2 元或 5 元的票面,问共有多少种不同的兑换方法?

9. 编程输出所有的“水仙花数”。所谓水仙花数是指一个 3 位数,其各位数字的立方之和等于该数。

10. 如果一个数等于其所有真因子(不包括其本身)之和,则该数为完数,例如 6 的因子有 1、2、3,且 6＝1＋2＋3,故 6 为完数,求 2～1000 中的完数。

11. 输出 7～1000 中个数位为 7 的所有素数,统计其个数并求出它们的和。

12. 将 4～100 中的偶数分解成两个素数之和,每个数只取一种分解结果。如 100 可分解为 3 和 97,或为 11 和 89,或为 17 和 83 等,但我们只取第一种分解即可。

13. 一个自然数平方的末几位与该数相同时,称该数为同构数。例如,$25^2＝625$,则 25 为同构数。编程求出 1～1000 中所有的同构数。

二、习题解答

(一）选择题

1. B。选项 A、C 和 D 都是结构化程序所具有的特征,B 的叙述跟实际刚好相反,实际上,结构化程序应尽量避免使用 goto 语句。因此,正确答案为 B。

2. C。本题考查逻辑“真”的基本概念。在 C 语言中,没有通常高级语言的逻辑型数据(如 Pascal 语言中的 true 和 false),而是用包括负数在内的任意非 0 数来表示“真”,用 0 来表示“假”。故正确答案为 C。

3. D。本题主要考查 if 语句中表达式的用法。D 中由于在 a=b 后加了分号,所以它已经不是一个赋值表达式,而是一个赋值语句。

4. C。本题考查对 for 循环中循环条件语句的理解。本题中的循环条件(j=1)是一个赋值表达式,每当执行到此处时,j 都被赋为一个非 0 数(1),这意味着循环条件始终为"真"。故是一个无限循环。

5. A。do～while 语句是先执行后判断,由于执行后 a 等于 1,使得循环条件为假(!a 等于 0),故执行一次循环便终止了。

6. A。本题旨在考查对 while 与 do～while 两种循环语句的理解。前者是先判断后执行,而后者是先执行后判断,故后者循环体会至少执行一次。只要注意了这一点,两种结构可相互转化。

7. D。本题中的条件相当于是!a 为真,即 a 为假。故正确答案为 D。

8. D。首先我们判断 while 循环的循环体语句只有一条,即 sum+=i;,由于 i 的值没有变化,这样循环条件一直为真,循环将无终止运行。上面程序中语句 i++;的书写位置与语句 sum+=i;对齐也起到了一定的干扰作用,请读者注意。

9. A。注意语句 pad=sum++;执行后 pad 的值是 sum 原来的值,而不是 sum++后的值。

10. D。本题考查 printf( )函数的正确使用。在 printf( )函数中,如果想输出字符'%',则应该在"格式控制"字符串用连续两个%号表示。

11. C。C 是 if 与 else 的默认配对原则。可以通过加大括号改变配对关系。

12. B。for 语句的表达式 2 缺省,表示循环条件始终为真。

(二) 程序填空

1. 本题考查阅读程序的能力。根据分析可知,p 的作用是存放累乘值,故空 [1] 应给 p 赋初值 1,空 [2] 填 p * =i 或 p=p * i。因此,正确答案如下:

　　[1] 1
　　[2] p * =i 或 p=p * i

2. 本题考查阅读程序的能力。根据分析可知,空 [3] 是循环条件,可填 score>=0 或 !(score<0),空 [4] 是要判断新输入的 score 值比原来的 min 还小,故应填 score<min 或 score<=min。因此,正确答案如下:

　　[3] score>=0 或 !(score<0)
　　[4] score<min 或 score<=min

3. 本题考查阅读程序的能力。根据分析可知,空 [5] 是循环条件,可填 abs(temp)>0.00001,空 [6] 是要求每一项的分子,故应填-fz * x。因此,正确答案如下:

　　[5] fabs(temp)>0.00001
　　[6] -fz * x

4. [7] switch (op)
　　[8] x,op,y,x+y
　　[9] break
　　[10] (y>=-1e-6)&&(y<=1e-6)

(三) 编程题

1. 给出三角形的三边 a、b、c,求三角形的面积。(应先判断 a、b、c 三边是否能构成一个三角形)

程序如下:

```
/* xt3_1.c */
#include  <stdio.h>
#include  <math.h>
int main()
{
    float a,b,c,area,p;
    scanf("%f,%f,%f",&a,&b,&c);
    p=(a+b+c)/2;
    if(a+b>c&&a+c>b&&b+c>a)
    {
        area=sqrt(p* (p-a)* (p-b)* (p-c));
        printf("Area=%6.2f\n",area);
    }
    else    printf("Error\n");
    return 0;
}
```

2. 输入 4 个整数,要求将它们按由小到大的顺序输出。

程序如下:

```
/* xt3_2.c */
#include  <stdio.h>
int main()
{
    int a,b,c,d,t;
    scanf("%d,%d,%d,%d",&a,&b,&c,&d);
    if(a>b)    { t=a;a=b;b=t;}
    if(a>c)    { t=a;a=c;c=t;}
    if(a>d)    { t=a;a=d;d=t;}
    if(b>c)    { t=b;b=c;c=t;}
    if(b>d)    { t=b;b=d;d=t;}
    if(c>d)    { t=c;c=d;d=t;}
    printf("%d,%d,%d,%d\n",a,b,c,d);
    return 0;
}
```

3. 某幼儿园只收 2~6 岁的小孩,2~3 岁编入小班,4 岁编入中班,5~6 岁编入大班,编制程序实现每输入一个年龄,输出该编入什么班。

程序如下:

```
/* xt3_3.c */
#include  <stdio.h>
int main()
{
    int age;
    scanf("%d",&age);
```

```
    switch(age)
    {
        case2:
        case3:printf("Small class\n");break;
        case4:printf("Middle class\n");break;
        case5:
        case6:printf("Large class\n");break;
        default :printf("Error\n");
    }
    return 0;
}
```

4. 输入一元二次方程的 3 个系数 a、b、c,求出该方程所有可能的根。

```
/* xt3_4.c */
#include  <stdio.h>
#include  <math.h>
int main( )
{
    float a,b,c,d,x1,x2;
    scanf("%f,%f,%f",&a,&b,&c);
    d=b*b-4*a*c;
    if(fabs(a)<=1e-6)
        if(fabs(b)<=1e-6)
            if(fabs(c)<=1e-6)
                printf("The equation's root is innumerable\n");
            else printf("None\n");
        else printf("The equation's root is %f\n ",-c/b);
    else
        if(fabs(d)<=1e-6) printf("x1=x2=%f\n",-b/(2*a));
        else if(d>=1e-6)
            {
                x1=(-b+sqrt(d))/(2*a);
                x2=(-b-sqrt(d))/(2*a);
                printf("The equation's root is ");
                printf("x1=%f,x2=%f\n ",x1,x2);
            }
        else
        {
            x1=-b/(2*a);
            x2=sqrt(-d)/(2*a);
            printf("The equation's root is %f+I%f\n ",x1,x2);
            printf("The equation's root is %f-I%f\n ",x1,x2);
        }
    return 0;
```

```
}
```

5. 编程求 $s = 1 - 1/2 + 1/3 - 1/4 + \cdots - 1/100$。

程序如下：

```c
/* xt3_5.c */
#include  <stdio.h>
int main()
{
    int n,flag=1;
    float s=0;
    for(n=1;n<=100;n++)
    {
        s=s+1.0*flag/n;
        flag=-flag;
    }
    printf("%f\n",s);
    return 0;
}
```

6. 编程求 $1! + 2! + 3! \cdots + 10!$ 之和。

```c
/* xt3_6.c */
#include  <stdio.h>
int main()
{
    long int s=0,p=1;
    int n;
    for(n=1;n<=10;n++)
    {
        p=p*n;
        s=s+p;
    }
    printf("%ld\n",s);
    return 0;
}
```

7. 一个灯塔有 8 层，共有 765 盏灯，其中每一层的灯数都是其相邻上层的两倍，求最底层的灯数。

方法一程序如下：

```c
/* xt3_7_a.c */
#include  <stdio.h>
int main()
{
    int s=1,n,p=1;
    for(n=1;n<=7;n++)
    {
```

```
            p=p * 2;
            s=s+p;
        }
        printf("%d\n",765/s * p);
        return 0;
    }
```

方法二程序如下：

```
/* xt3_7_b.c */
#include <stdio.h>
int main()
{
    int s,n,p,x;
    for(x=1;x<765;x++)
    {
        p=x;
        s=x;
        for(n=1;n<=7;n++)
        {
            p=p * 2;
            s=s+p;
        }
        if(s==765) {printf("%d\n",p);break;}
    }
    return 0;
}
```

8. 一张 10 元票面的纸钞兑换成 1 元、2 元或 5 元的票面,问共有多少种不同的兑换方法?

程序如下：

```
/* xt3_8.c */
#include <stdio.h>
int main()
{
    int a,b,c,sum=0;
    for(a=0;a<=10;a++)
        for(b=0;b<=5;b++)
            for(c=0;c<=2;c++)
                if(a+2 * b+5 * c==10)
                {
                    printf("%d,%d,%d\n",a,b,c);
                    sum++;
                }
    printf("%d\n",sum);
```

```
    return 0;
}
```

9. 编程打印出所有的"水仙花数"。所谓水仙花数是指一个 3 位数,其各位数字的立方之和等于该数。

程序如下:

```
/* xt3_9.c */
#include  <stdio.h>
int main()
{
    int n,a,b,c;
    for(n=100;n<1000;n++)
    {
        a=n/100;
        b=n/10%10;
        c=n%10;
        if(a*a*a+b*b*b+c*c*c==n)
            printf("%5d\n",n);
    }
    return 0;
}
```

10. 如果一个数等于其所有真因子(不包括其本身)之和,则该数为完数,例如 6 的因子有 1、2、3,且 6=1+2+3,故 6 为完数,求 2~1000 中的完数。

程序如下:

```
/* xt3_10.c */
#include  <stdio.h>
int main()
{
    int s,n,k;
    for(n=2;n<=1000;n++)
    {
        s=0;
        for(k=1;k<n;k++)
            if(n%k==0)    s=s+k;
        if(s==n)    printf("%5d",n);
    }
    printf("\n");
    return 0;
}
```

11. 输出 7~1000 中个数位为 7 的所有素数,统计其个数并求出它们的和。

程序如下:

```
/* xt3_11.c */
#include  <stdio.h>
```

```
int main()
{
    int n,count=0,total=0,m,temp,y;
    for(n=7;n<1000;n++)
    {
        for(m=2;m<n;m++)
            if(n%m==0)  break;
        if(n==m)
        {
            temp=n%10;
            if(temp==7)
            {
                printf("%6d",n);
                if (count%5==4) printf("\n");
                count++;
                total=total+n;
            }
        }
    }
    printf("\ncount=%d,total=%d\n",count,total);
    return 0;
}
```

12. 将 4～100 中的偶数分解成两个素数之和,每个数只取一种分解结果。如 100 可分解为 3 和 97,或为 11 和 89,或为 17 和 83 等,但这里只取第一种分解即可。

程序如下:

```
/* xt3_12.c */
#include  <stdio.h>
int main()
{
    int x,n,k,a,b,count=0;
    for(x=4;x<=100;x=x+2)
    {
        for(a=2;a<=(x/2);a++)
        {
            for(k=2;k<a;k++)
                if(a%k==0) break;
            if(a==k)
            {
                b=x-a;
                for(k=2;k<b;k++)
                    if(b%k==0)  break;
                if(b==k)
```

```
            {
                printf("%3d=%3d+%3d\t",x,a,b);
                count++;  break;
                if (count%3==0)  printf("\n");
            }
        }
    }
}
    return 0;
}
```

13. 一个自然数平方的末几位与该数相同时,称该数为同构数。例如 $25^2=625$,则 25 为同构数。编程求出 1～1000 中所有的同构数。

程序如下:

```
/* xt3_13.c*/
#include  <stdio.h>
main( )
{
    int x;
    for(x=1;x<=1000;x++)
        if(x * x%10==x||x * x%100==x||x * x%1000==x)
            printf("%5d",x);
    printf("\n");
}
```

题解 4　函　　数

一、习题

(一) 选择题

1. C 语言中函数形参的缺省存储类型是(　　)。
   A. 静态(static)　　　　　　　B. 自动(auto)
   C. 寄存器(register)　　　　　D. 外部(extern)

2. 函数调用语句 function((exp1,exp2),18)中含有的实参个数为(　　)。
   A. 0　　　　　　B. 1　　　　　　C. 2　　　　　　D. 3

3. 下面函数返回值的类型是(　　)。
   ```
   square(float x)
   {
       return x * x;
   }
   ```
   A. 与参数 x 的类型相同　　　　B. 是 void 型
   C. 无法确定　　　　　　　　　D. 是 int 型

4. C语言规定,程序中各函数之间(　　)。

    A. 不允许直接递归调用,也不允许间接递归调用

    B. 允许直接递归调用,但不允许间接递归调用

    C. 不允许直接递归调用,但允许间接递归调用

    D. 既允许直接递归调用,也允许间接递归调用

5. 一个函数返回值的类型取决于(　　)。

    A. return 语句中表达式的类型　　　　B. 调用函数时临时指定

    C. 定义函数时指定或缺省的函数类型　D. 调用该函数的主调函数的类型

6. 下面叙述中,错误的是(　　)。

    A. 函数的定义不能嵌套,但函数调用可以嵌套

    B. 为了提高可读性,编写程序时应该适当使用注释

    C. 变量定义时若省去了存储类型,系统将默认其为静态型变量

    D. 函数中定义的局部变量的作用域在函数内部

7. 在一个源程序文件中定义的全局变量的有效范围为(　　)。

    A. 一个C程序的所有源程序文件　　　B. 该源程序文件的全部范围

    C. 从定义处开始到该源程序文件结束　D. 函数内全部范围

8. 某函数在定义时未指明函数返回值类型,且函数中没有 return 语句,现若调用该函数,则正确的说法是(　　)。

    A. 没有返回值　　　　　　　　　　　B. 返回一个用户所希望的值

    C. 返回一个系统默认值　　　　　　　D. 返回一个不确定的值

9. 函数 swap(int x,int y)可实现对 x 和 y 值的交换。在执行如下定义及调用语句后,a 和 b 的值分别为(　　)。

```
int a=10,b=20;
swap(a,b);
```

    A. 10 和 10　　　　B. 10 和 20　　　　C. 20 和 10　　　　D. 20 和 20

10. 下面错误的叙述是(　　)。

    A. 在某源程序不同函数中可以使用相同名字的变量

    B. 函数中的形式参数是局部变量

    C. 在函数内定义的变量只在本函数范围内有效

    D. 在函数内的复合语句中定义的变量在本函数范围内有效

(二)程序填空

1. 求 s＝1!＋2!＋3!＋…＋10! 之和。

程序如下:

```
#include  <stdio.h>
long int factorial(int n)
{
    int k=1;
    long int p=1;
    for(k=1;k<=n;k++)
```

```
    [1]  ;
    return p;
}
int main()
{
    int n;
    float sum=0;
    for(n=1;n<=10;n++)
       [2]  ;
    printf("%6.3f\n",sum);
    return 0;
}
```

2. 以下函数用以求 x 的 y 次方（y 为正整数）。

```
double fun(double x,int y)
{
    inti;
    double m=1;
    for ( i=1;i  [3]  ;i++)
        m=  [4]  ;
    return m;
}
```

3. 下面定义了一个函数 pi，其功能是根据以下的近似值公式来求 π 值：

$$\frac{\pi^2}{6}=1+\frac{1}{2^2}+\frac{1}{3^2}+\cdots+\frac{1}{\pi^2}$$

```
#include  <stdio.h>
#include  <math.h>
double pi(long n)
{
    double s=  [5]  ;
    longk;
    for(k=1;k<=n;k++)
        s=s+  [6]  ;
    return (  [7]  );
}
```

（三）阅读程序并写出运行结果

1. 下面程序运行的结果是_____。

```
#include  <stdio.h>
#define MAX_COUNT4
void fun();
int main()
{
    int n;
```

```
    for(n=1;n<=MAX_COUNT;n++)  fun();
    return 0;
}
void fun()
{
    static int k;
    k=k+2;
    printf("%d,",k);
}
```

2. 下面程序运行的结果是_____。

```
#include  <stdio.h>
int fun(int x)
{
    int s;
    if(x==0||x==1)
        return 3;
    s=x-fun(x-3);
    return s;
}
int main()
{
    printf("%d\n",fun(3));
    return 0;
}
```

3. 下面程序运行的结果是_____。

```
#include  <stdio.h>
unsigned int fun(unsigned num)
{
    unsigned int k=1;
    do
    {
        k=k * num%10;
        num=num/10;
    }while(num);
    return k;
}
int main()
{
    unsigned n=25;
    printf("%u\n",fun(n));
    return 0;
}
```

4. 下面程序运行的结果是_____。

```
#include <stdio.h>
int fun(int x,int y)
{
    static int m=0,n=2;
    n+=m+1;
    m=n+x+y;
    return m;
}
int main()
{
    int j=4,m=1,k;
    k=fun(j,m);
    printf("%d,",k);
    k=fun(j,m);
    printf("%d\n",k);
    return 0;
}
```

5. 下面程序运行的结果是_____。

```
#include <stdio.h>
void t(int x,int y,int p,int q)
{
    p=x*x+y*y;
    q=x*x-y*y;
}
int main()
{
    int a=4,b=3,c=5,d=6;
    t(a,b,c,d);
    printf("%d,%d\n",c,d);
    return 0;
}
```

(四) 编程题

1. 写一函数,从键盘输入一整数,如果该整数为素数,则返回 1,否则返回 0。

2. 编写一函数 change(x,r),将十进制整数 x 转换成 r(1<r<10)进制数后输出。

3. 求 1000 以内的亲密数对。亲密数对的定义为:若正整数 a 的所有因子(不包括 a 本身)之和为 b,b 的所有因子(不包括 b 本身)之和为 a,且 a≠b,则称 a 与 b 为亲密数对。

4. 试用递归的方法编写一个返回长整型值的函数,以计算斐波纳契数列的前 20 项。该数列满足:F(0)=1,F(1)=1,F(n)=F(n-1)+F(n-2)(n>2)。

5. 如果一个数等于其所有真因子(不包括其本身)之和,则该数为完数,例如 6 的因子有 1、2、3,且 6=1+2+3,故 6 为完数,求 2~1000 中的完数。

二、习题解答

(一) 选择题

1．B。在各个函数或复合语句内定义的变量,称为局部变量或自动变量。自动变量用关键字"auto"进行标识,可缺省。正确答案为 B。

2．C。调用函数时,实参可以是常量、变量和表达式等,本题中的第一个参数是一个逗号表达式,第二个参数是常量 18。故正确答案为 C。

3．D。当缺省函数类型定义时,系统默认函数类型为 int。

4．D。函数的递归调用是指一个函数在它的函数体内直接或间接的调用它自身。因此递归有两种方式:直接递归和间接递归。

5．C。函数无返回值,必须定义为 void;函数有返回值,则一般要定义其类型,缺省时类型为 int。

6．C。变量定义时若省去了存储类型,系统将默认其为自动型(auto)变量。

7．C。全局变量的作用域一般是从全局变量定义点开始,直至源程序结束。在定义点之前或别的源程序中要引用该全局变量,则在引用该变量之前,需进行外部变量的引用说明。故正确答案为 C。

8．D。若函数无返回值,则必须把函数的类型定义成 void,不能缺省;若函数有返回值,则函数体内至少要有一条 return 语句,函数返回值类型可以缺省;若既没有返回值类型也没有 return 语句,则函数返回值是不确定的。故正确答案为 D。

9．B。本题考查函数参数的值传递。在函数调用时,实参 a 和 b 只是把值传递给形参 x 和 y,其自身的值并没有变化。变化的是:x 和 y 的值发生了交换。故正确答案为 B。

10．D。在函数内的复合语句中定义的变量只在该复合语句中有效。故正确答案为 D。

(二) 程序填空

1．本题考查阅读程序的能力。根据分析可知,空 [1] 是要实现求某个数的阶乘值,故应填 p=p * k,而空 [2] 要实现把各个阶乘值累加起来,故应填 sum=sum+factorial(n)。因此,正确答案如下:

　　[1] p=p * k;
　　[2] sum=sum+factorial(n);

2．本题考查阅读程序的能力。根据分析可知,空 [3] 是循环条件,可填 <=y 或 <y+1,空 [4] 是要实现 y 个 x 的连乘,故应填 m * x。因此,正确答案如下:

　　[3] <=y 或 <y+1
　　[4] m * x

3．本题考查阅读程序的能力。根据分析可知,空 [5] 是要定义 s 的初值,可填 0,空 [6] 是要对公式中每一项进行累加,应填 1.0/(k * k),空 [7] 是要根据公式右边的值来求 π 的值,应填 sqrt(6 * s)。因此,正确答案如下:

　　[5] 0
　　[6] 1.0/(k * k)
　　[7] sqrt(6 * s)

（三）阅读程序并写出运行结果

1. 运行结果是：2,4,6,8,

2. 运行结果是：0

3. 运行结果是：0

4. 运行结果是：8,17

5. 运行结果是：5,6

（四）编程题

1. 写一函数，从键盘输入一整数，如果该整数为素数，则返回 1，否则返回 0。

程序如下：

```
/* xt4_1.c */
#include  <stdio.h>
int fun(int x)
{
    int n;
    for(n=2;n<x;n++)
        if(x%n==0) return 0;
    return 1;
}
int main()
{
    int x;
    scanf("%d",&x);
    if(fun(x))  printf("%d is a prime number!\n",x);
    else  printf("%d is not a prime number!\n",x);
    return 0;
}
```

2. 编写一函数 change(x,r)，将十进制整数 x 转换成 r(1<r<10) 进制数后输出。

程序如下：

```
/* xt4_2.c */
#include  <stdio.h>
#include  <math.h>
int change(int x,int r)
{
    int temp,result=0,count=0;
    do
    {
        temp=x%r;
        printf("%d\n",temp);                        /* 结果的逆序输出 */
        result=result+temp * pow(10,count++);
        x=x/r;
    }while(x);
```

```
        return result;
    }
    int main()
    {
        int X,R;
        scanf("%d,%d",&X,&R);
        printf("十进制整数%d 转换成%d 进制数为:%d",X,R,change(X,R));
        return 0;
    }
```

3. 求 1000 以内的亲密数对。亲密数对的定义为:若正整数 a 的所有因子(不包括 a 本身)之和为 b,b 的所有因子(不包括 b 本身)之和为 a,且 a≠b,则称 a 与 b 为亲密数对。

程序如下:

```
/* xt4_3.c */
#include  <stdio.h>
int fun(int x)
{
    int n,s=0;
    for(n=1;n<x;n++)
        if(x%n==0)   s=s+n;
    return   s;
}
int main()
{
    int n,a,b;
    for(a=1;a<=1000;a++)
    {
        b=fun(a);
        if(fun(b)==a&&a!=b)  printf("%d,%d\n",a,b);
    }
    return 0;
}
```

4. 试用递归的方法编写一个返回长整型值的函数,以计算斐波纳契数列的前 20 项。该数列满足:$F(0)=1,F(1)=1,F(n)=F(n-1)+F(n-2)(n>2)$。

程序如下:

```
/* xt4_4.c */
#include  <stdio.h>
long int Fibonacci(int n)
{
    long int p;
    if(n==0||n==1)   p=n;
    else p=Fibonacci(n-1)+Fibonacci(n-2);
    return p;
```

```
}
int main()
{
    int n;
    for(n=1;n<=20;n++)
    {
        printf("%8ld",Fibonacci(n));
        if((n+1)%8==0)  printf("\n");
    }
    return 0;
}
```

5. 如果一个数等于其所有真因子(不包括其本身)之和,则该数为完数,例如 6 的因子有 1、2、3,且 6=1+2+3,故 6 为完数,求 2～1000 中的完数。

程序如下:

```
/* xt4_5.c */
#include  <stdio.h>
int IsWanshu(int n)
{
    int k,s=0;
    for(k=1;k<n;k++)
        if(n%k==0)  s=s+k;
    if(s==n)
        return 1;
    else
        return 0;
}
int main()
{
    int i,j=0;
    for(i=2;i<=1000;i++)
    {
        if(IsWanshu(i))
        {
            printf("%5d",i);
            j=j+1;
            if(j%5==0)  printf("\n");
        }
    }
    return 0;
}
```

题解5　数　　组

一、习题

(一) 选择题

1. 在下列数组定义、初始化或赋值语句中，正确的是(　　)。

　A. int a[8];a[8]=100;　　　　　　B. int x[5]={1,2,3,4,5,6};

　C. int x[ ]={1,2,3,4,5,6};　　　　D. int n=8;int score[n];

2. 若已有定义:int i,a[100];则下列语句中,不正确的是(　　)。

　A. for(i=0;i<100;i++) a[i]=i;

　B. for(i=0;i<100;i++) scanf("%d",&a[i]);

　C. scanf("%d",&a);

　D. for(i=0;i<100;i++) scanf("%d",a+i);

3. 与定义 char c[ ]={"GOOD"};不等价的是(　　)。

　A. char c[ ]={'G','O','O','D','\0'};

　B. char c[ ]="GOOD";

　C. char c[4]={"GOOD"};

　D. char c[5]={ 'G','O','O','D','\0'};

4. 若已有定义:char c[8]={"GOOD"};则下列语句中,不正确的是(　　)。

　A. puts(c);

　B. for(i=0;c[i]!='\0';i++) printf("%c",c[i]);

　C. printf("%s",c);

　D. for(i=0;c[i]!='\0';i++) putchar(c);

5. 若定义 a[ ][3]={0,1,2,3,4,5,6,7};则 a 数组中行的大小是(　　)。

　A. 2　　　　　　　　B. 3　　　　　　　　C. 4　　　　　　　　D. 无确定值

6. 以下程序的运行结果是(　　)。

```
#include  <stdio.h>
void f(int b[])
{
    int i=0;
    while(b[i]<=10)
    {
        b[i]+=2;i++;
    }
}
int main()
{
    int i,a[]={1,5,10,9,13,7};
    f(a+1);
```

```
    for(i=0;i<6;i++)
        printf("%4d",a[i]);
    return 0;
}
```

    A. 2 7 12 11 13 9   B. 1 7 12 11 13 7

    C. 1 7 12 11 13 9   D. 1 7 12 9 13 7

7. 若执行以下程序段,其运行结果是(   )。

```
char c[]= {'a','b','\0','c','\0'};
printf("%s\n",c);
```

    A. ab c   B. 'a''b'   C. abc   D. ab

8. 数组名作为参数传递给函数,作为实际参数的数组名被处理为(   )。

    A. 该数组长度   B. 该数组元素个数

    C. 该函数中各元素的值   D. 该数组的首地址

9. 执行下面的程序段后,变量 k 中的值为(   )。

```
int k=3,s[2]={1};
s[0]=k;
k=s[1]*10;
```

    A. 不定值   B. 33   C. 30   D. 0

10. 在定义

```
 int a[5][4];
```

之后;对 a 的引用正确的是(   )。

    A. a[2][4]   B. a[5][0]   C. a[0][0]   D. a[0,0]

11. 当接受用户输入的含空格的字符串时,应使用函数(   )。

    A. scanf()   B. gets()   C. getchar()   D. getc()

(二) 程序填空

1. 以下程序用来检查二维数组是否对称(即对所有 i,j 都有 a[i][j]=a[j][i])。

```
#include  <stdio.h>
int main()
{
    int a[4][4]={1,2,3,4,2,2,5,6,3,5,3,7,8,6,7,4};
    int i,j,found=0;
    for(j=0;j<4;j++)
    {
        for(i=0;i<4;i++)
            if(  [1]  )
            {
                found=  [2]  ;
                break;
            }
        if(found) break;
    }
```

```
    if(found)  printf("不对称\n");
       else  printf("对称\n");
    return 0;
}
```

2. 以下程序是用来输入 5 个整数,并存放在数组中,找出最大数与最小数所在的下标位置,并把两者对调,然后输出调整后的 5 个数。

```
#include  <stdio.h>
int main()
{
    int a[5],t,i,maxi,mini;
    for(i=0;i<5;i++)
        scanf("%d",&a[i]);
    mini=maxi= [3] ;
    for(i=1;i<5;i++)
    {
        if( [4] )  mini=i;
        if(a[i]>a[maxi]) [5] ;
    }
    printf("最小数的位置是:%3d\n",mini);
    printf("最大数的位置是:%3d\n",maxi);
    t=a[maxi];
    [6] ;
    a[mini]=t;
    printf("调整后的数为: ");
    for(i=0;i<5;i++)
        printf("%d ",a[i]);
    printf("\n");
    return 0;
}
```

3. 给定一 3×4 的矩阵,求出其中的最大元素值,及其所在的行列号。

```
int main()
{
    int i,j,row=0,colum=0,max;
    static int a[3][4]={{1,2,3,4},{9,8,7,6},{10,-10,-4,4}};
    [7] ;
    for(i=0;i<=2;i++)
        for(j=0;j<=3;j++)
        {
            [8]
            [9]
        }
    printf("max=%d,row=%d,colum=%d",max,row,colum);
```

```
        return 0;
    }
```

4. 下述函数用于确定给定字符串的长度,请完成程序。

```
strlen(char s[ ])
{
    int i=0;
    while( [10] )
        ++i;
    return ( [11] );
}
```

5. 以下程序的功能是从键盘上输入若干个字符(以回车键作为结束)组成一个字符数组,然后输出该字符数组中的字符串,请填空。

```
#include <stdio.h>
int main()
{
    char str[81];
    int i;
    for(i=0;i<80;i++)
    {
        str[i]=getchar();
        if(str[i]=='\n')break;
    }
    str[i]='\0';
    [12] ;
    while(str[i]!='\0')
        putchar( [13] );
    return 0;
}
```

（三）阅读程序并写出运行结果

1. 写出下列程序的运行结果并分析。

```
#include <stdio.h>
int main()
{
    static int a[4][5]={{1,2,3,4,0},{2,2,0,0,0},{3,4,5,0,0},{6,0,0,0,0}};
    int j,k;
    for(j=0;j<4;j++)
    {
        for(k=0;k<5;k++)
        {
            if(a[j][k]==0)
                break;
            printf(" %d",a[j][k]);
```

```
        }
    }
    printf("\n");
    return 0;
}
```

2. 写出下列程序的运行结果并分析。

```c
#include  <stdio.h>
int main()
{
    int a[6][6],i,j;
    for(i=1;i<6;i++)
        for(j=1;j<6;j++)
            a[i][j]=i * j;
    for(i=1;i<6;i++)
    {
        for(j=1;j<6;j++)
            printf("%-4d",a[i][j]);
        printf("\n");
    }
    return 0;
}
```

3. 写出下列程序的运行结果并分析。

```c
#include  <stdio.h>
int main()
{
    int a[]={1,2,3,4},i,j,s=0;
    j=1;
    for(i=3;i<=0;i--)
    {
        s=s+a[i] * j;
        j=j * 10;
    }
    printf("s=%d\n",s);
    return 0;
}
```

4. 写出下列程序的运行结果并分析。

```c
#include  <stdio.h>
int main()
{
    int a[]={0,2,5,8,12,15,23,35,60,65};
    int x=15,i,n=10,m;
    i=n/2+1;
```

```
        m=n/2;
        while(m!=0)
        {
            if(x<a[i])
            {
                i=i- m/2-1;
                m=m/2;
            }
            else
                if(x>a[i])
                {
                    i=i+m/2+1;
                    m=m/2;
                }
                else
                    break;
        }
        printf("place=%d",i+1);
        return 0;
}
```

5. 写出下列程序的运行结果并分析。

```
#include  <stdio.h>
int main()
{
    int a[]={1,2,3,4},i,j,s=0;
    j=1;
    for(i=3;i>=0;i--)
    {
        s=s+a[i] * j;
        j=j * 10;
    }
    printf("s=%d\n",s);
    return 0;
}
```

6. 写出下列程序的运行结果并分析。

```
#include  <stdio.h>
int main()
{
    char str[]={"1a2b3c"};
    int i;
    for(i=0;str[i]!='\0';i++)
        if(str[i]>='0'&&str[i]<='9')
            printf("%c",str[i]);
```

```
        printf("\n");
        return 0;
    }
```

（四）编程题

1. 用一维数组计算出斐波纳契数列的前 20 项。斐波纳契数列定义如下：第一项 f(1)＝1，第二项 f(2)＝1，…，第 n 项 f(n)＝f(n－1)＋f(n－2)(n＞2)。

2. 编写一程序，实现两个字符串的连接（不用 strcat( )函数）。

3. 编写一个把字符串转换成浮点数的函数。

4. 若有说明：int a[3][4]={{1,2,3,4},{5,6,7,8},{9,10,11,12}}；现要将 a 的行和列的元素互换后存到另一个二维数组 b 中。试编程。

5. 编一程序用简单选择排序方法对 10 个整数排序（从大到小）。排序思路为：首先从 n 个整数中选出值最大的整数，将它交换到第一个元素位置，再从剩余的 n－1 个整数中选出值次大的整数，将它交换到第二个元素位置，重复上述操作 n－1 次后，排序结束。

二、习题解答

（一）选择题

1. C。A 中的引用 a[8]超出了下标范围；B 中初值个数太多；D 中定义数组 score 时长度不是常量表达式。

2. C。C 对应的语句不正确，因为不能企图通过数组名 a(带参数%d)实现对整个数组的输入，再者，数组名代表数组首地址，前面也不用加地址符。

3. C。因为 C 中定义的数组长度不够 5。

4. D。如果 D 中把语句 putchar(c)改成 putchar(c[i])就正确了。

5. B。若数组中行的大小缺省，则可根据初值个数与列的大小进行估算。

6. B。重点要理解 f(a＋1)传递的是 a 数组中 5 的首地址，所以对于形参数组 b 而言，其数组元素是 5,10,9,13,7。经过函数体的处理后，b 数组元素变为 7,12,11,13,7。而 a 数组的首元素是 1，随后其他元素与 b 数组共享，因此答案是 B。

7. D。因为输出时遇第一个'\0'字符结束。

8. D。数组名作实际参数传递的是数组首地址，从而使形参数组共享实参数组的内存。

9. D。数组 s 在定义时只有部分元素赋初值，没有赋初值的元素会自动置为 0 值。所以 s[1]的值为 0，导致 k 的值也为 0。

10. C。由于引用数组元素时，下标从 0 开始，所以下标要小于数组长度，因此 A 和 B 不对。而 D 的引用格式不对，故正确答案是 C。

11. B。用 scanf( )函数输入字符串时，遇到空格就会认为字符串输入结束；而 gets( )函数不会，它是以回车键为结束标志。另外，getchar( )函数和 getc( )函数是输入字符的函数，不能输入字符串。因此，正确答案是 B。

（二）程序填空

1. [1] a[i][j]!=a[j][i]
　 [2] 1

2. 〔3〕0

　　〔4〕a[mini]>a[i]

　　〔5〕maxi=i

　　〔6〕a[maxi]=a[mini]

3. 〔7〕max=a[0][0];

　　〔8〕if (a[i][j]>max)

　　〔9〕{max=a[i][j];row=i;colum=j;}

4. 〔10〕s[i]!='\0'

　　〔11〕i

5. 〔12〕i=0

　　〔13〕str[i++]

（三）阅读程序并写出运行结果

1. 答案是:1 2 3 4 2 2 3 4 5 6
2. 答案是:

```
1   2   3    4    5
2   4   6    8   10
3   6   9   12   15
4   8  12   16   20
5  10  15   20   25
```

3. 答案是:s=0
4. 答案是:place=6
5. 答案是:s=1234
6. 答案是:123

（四）编程题

1. 用一维数组计算出斐波纳契数列的前 20 项。斐波纳契数列定义如下:第一项 $f(1)=1$,第二项 $f(2)=1$,…,第 n 项 $f(n)=f(n-1)+f(n-2)(n>2)$。

```c
/* xt5_1.c */
#include  <stdio.h>
int main()
{
    int i,Fib[20];
    Fib[0]=1;
    Fib[1]=1;
    for(i=2;i<20;i++)
        Fib[i]=Fib[i-1]+Fib[i-2];
    for(i=0;i<20;i++)
        printf("%5d",Fib[i]);
    return 0;
}
```

2. 编写一程序,实现两个字符串的连接(不用 strcat( )函数)。

```c
/* xt5_2.c */
#include  <stdio.h>
int main()
{
    char str1[50],str2[50];
    int i=0,j=0;
    printf("请输入字符串 1:");
    scanf("%s",str1);
    printf("请输入字符串 2:");
    scanf("%s",str2);
    while(str1[i]!='\0') i++;
    while((str1[i++]=str2[j++])!='\0');
    printf("连接后的字符串为:%s",str1);
    return 0;
}
```

3. 编写一个把字符串(由数字字符、小数点、正号或负号组成)转换成浮点数的函数。

```c
/* xt5_3.c */
#include  <stdio.h>
double StrToDouble(char s[ ])             /* 数字字符串转换成双精度浮点数的函数 */
{
    int flag=0,i=0,j,decimal=0;
    double n,n1=0,n2=0,m=0.1;
    for(;s[i]!='\0';i++)
    {
        if (s[i]=='-') flag=1;                            /* 判断数的正负,为-表示负数 */
          else if (s[i]=='+') flag=0;                     /* 判断数的正负,为+表示正数 */
            else if (s[i]=='.') decimal=1;                /* 遇到小数点,置小数标志为 1 */
              else if (decimal==0) n1=n1 * 10+(s[i]-'0'); /* 整数部分的计算 */
                else {n2=n2+(s[i]-'0') * m;m=m/10;}       /* 小数部分的计算 */
    }
    n=n1+n2;
    if (flag==1)   n=-n;
    return (n);
}
int main()
{
    double num;
    char str[ ]="432.9238";
    num=StrToDouble(str);
    printf("由字符串\"%s\"转换成的浮点数为%f\n",str,num);
    return 0;
}
```

4. 若有说明:int a[3][4]={ { 1,2,3,4 },{5,6,7,8},{9,10,11,12 } };现要将 a 的行和

列的元素互换后存到另一个二维数组 b 中。试编程。

```c
/* xt5_4.c */
#include  <stdio.h>
int main()
{
    int i,j,a[3][4]={{1,2,3,4},{5,6,7,8},{9,10,11,12}},b[4][3];
    printf("原始数组 a 为:\n");
    for ( i=0;i<3;i++)
    {
        for (j=0;j<4;j++)
        {
            printf("%-4d",a[i][j]);
            b[j][i]=a[i][j];
        }
        printf("\n");
    }
    printf("结果数组 b 为:\n");
    for (i=0;i<4;i++)
    {
        for (j=0;j<3;j++)
            printf("%-4d",b[i][j] );
        printf("\n");
    }
    return 0;
}
```

5. 编一程序,用简单选择排序方法对 10 个整数排序(从大到小)。排序思路为:首先从 n 个整数中选出值最大的整数,将它交换到第一个元素位置,再从剩余的 n-1 个整数中选出值次大的整数,将它交换到第二个元素位置,重复上述操作 n-1 次后,排序结束。

```c
/* xt5_5.c */
#include  <stdio.h>
#define N 10
void smp_selesort(int r[ ],int n)                    /* 简单选择排序 */
{  int i,j,k;  int temp;
   for(i=0;i<n-1;i++)
   {
       for(j=i+1;j<n;j++)
           if(r[i]<r[j])
           {
               temp=r[i];
               r[i]=r[j];
               r[j]=temp;
           }
```

```
        }
    }
    int main()
    {
        int i,a[N];
        printf("请输入%d 个整数:\n",N);
        for(i=0;i<N;i++)
            scanf("%d",&a[i]);
        smp_selesort(a,N);                          /* 调用排序函数 */
        printf("排序后的输出为:\n");
        for(i=0;i<N;i++)  printf("%5d",a[i]);
        return 0;
    }
```

题解 6　指　　针

一、习题

(一) 选择题

1. 若已定义 int a=8,* p=&a;则下列说法中不正确的是(　　)。

    A. *p=a=8   B. p=&a   C. *&a=*p   D. *&a=&*a

2. 若已定义 short a[2]={8,10},*p=&a[0];假设 a[0]的地址为 2000,则执行 p++后,指针 p 的值为(　　)。

    A. 2000   B. 2001   C. 2002   D. 2003

3. 若已定义 int a[8]={0,2,3,4,5,6,7,8 };*p=a;则数组第二个元素"2"不可表示为(　　)。

    A. a[1]   B. p[1]   C. *p+1   D. *(p+1)

4. 若已定义 int a,*p=&a,**q=&p;则不能表示变量 a 的是(　　)。

    A. *&a   B. *p   C. *q   D. **q

5. 设已定义语句 int *p[10],(*q)[10];,其中的 p 和 q 分别是(　　)。

    ① 10 个指向整型变量的指针

    ② 指向具有 10 个整型变量的函数指针

    ③ 一个指向具有 10 个元素的一维数组的指针

    ④ 具有 10 个指针元素的一维数组

    A. ②、①   B. ①、②   C. ③、④   D. ④、③

6. 若已定义 int a[2][4]={{80,81,82,83},{84,85,86,87}},(*p)[4]=a;则执行 p++;后,**p 代表的元素是(　　)。

    A. 80   B. 81   C. 84   D. 85

7. 执行语句 char a[10]={"abcd"};*p=a;后,*(p+4)的值是(　　)。

    A. "abcd"   B. '\0'   C. 'd'   D. 不能确定

8. 设已定义 `int a[3][2]={10,20,30,40,50,60};`和语句`(*p)[2]=a;`则`*(*(p+2)+1)`的值为
( )。

    A. 60   B. 30   C. 50   D. 不能确定

9. 以下程序的运行结果是( )。

```
#include <stdio.h>
int main()
{
    int a[4][3]={ 1,2,3,4,5,6,7,8,9,10,11,12};
    int *p[4],i;
    for(i=0;i<4;i++)
        p[i]=a[i];
    printf ("%2d,%2d,%2d,%2d\n",*p[1],(*p)[1],p[3][2],*(p[3]+1));
    return 0;
}
```

    A. 4,4,9,8   B. 程序出错   C. 4,2,12,11   D. 1,1,7,5

10. 以下各语句或语句组中,正确的操作是( )。

    A. `char s[4]="abcde";`   B. `char *s;gets(s);`

    C. `char *s;s="abcde";`   D. `char s[5];scanf("%s",&s);`

11. 以下程序的运行结果是( )。

```
#include <stdio.h>
int main()
{
    char *s="xcbc3abcd";
    int a,b,c,d;
    a=b=c=d=0;
    for(;*s;s++)
        switch(*s)
        {
            case 'c':c++;
            case 'b':b++;
            default:d++;  break;
            case 'a':a++;
        }
    printf("a=%d,b=%d,c=%d,d=%d\n",a,b,c,d);
    return 0;
}
```

(a='a'的个数、b='b','c'的个数、c='c'的个数、d=非'a'的个数)

    A. a=1,b=5,c=3,d=8   B. a=1,b=2,c=3,d=3

    C. a=9,b=5,c=3,d=8   D. a=0,b=2,c=3,d=3

12. 若有以下程序:

```
#include <stdio.h>
int main(int argc,char *argv[])
```

```
    {
        while(--argc)
            printf("%s",argv[argc]);
        printf("\n");
        return 0;
    }
```

该程序经编译和连接后生成可执行文件 S.EXE。现在如果在 DOS 提示符下键入 S AA　BB　CC 后回车,则输出结果是(　　　)。

    A. AABBCC   B. AABBCCS

    C. CCBBAA   D. CCBBAAS

13. 若有定义 char *language[ ]={"FORTRAN","BASIC","PASCAL","JAVA","C"};则 language[2]的值是(　　　)。

    A. 一个字符   B. 一个地址   C. 一个字符串   D. 不定值

14. 若有以下定义和语句,则对 a 数组元素地址的正确引用是(　　　)。

```
int a[2][3],(*p)[3];
p=a;
```

    A. *(p+2)   B. p[2]   C. p[1]+1   D. (p+1)+2

15. 若有 int max ( ),(*p)( );为使函数指针变量 p 指向函数 max,正确的赋值语句是(　　　)。

    A. p=max;   B. *p=max;   C. p=max(a,b);   D. *p=max(a,b);

16. 若有定义 int a[3][5],i,j;(且 0≤i<3,0≤j<5),则 a[i][j]不正确的地址表示是(　　　)。

    A. &a[i][j]   B. a[i]+j   C. *(a+i)+j   D. *(*(a+i)+j)

17. 设先有定义:

```
char s[10];
char *p=s;
```

则下面不正确的表达式是(　　　)。

    A. p=s+5   B. s=p+s   C. s[2]=p[4]   D. *p=s[0]

18. 设先有定义:

```
char **s;
```

则下面正确的表达式是(　　　)。

    A. s="computer"   B. *s="computer"

    C. **s="computer"   D. *s='c'

(二) 程序填空

1. 定义 compare(char *s1,char *s2)函数,实现比较两个字符串大小的功能。以下程序运行结果为-32,选择正确答案填空。

```
#include  <stdio.h>
int main()
{
    printf("%d\n",compare ("abCd","abc");
```

```
    return 0;
}
compare( char *s1,char *s2 )
{
    while( *s1&&*s2&&  [1]  )
    {
        s1++;
        s2++;
    }
    return *s1-*s2;
}
```

2. 以下程序用来输出字符串。

```
#include  <stdio.h>
int main()
{
    char *a[ ]={"for","switch","if","while"};
    char **p;
    for( p=a;p<a+4;p++)
        printf( "%s\n", [2]  );
    return 0;
}
```

3. 以下程序的功能是从键盘上输入若干个字符(以回车键作为结束)组成一个字符数组,然后输出该字符数组中的字符串,请填空。

```
#include  <stdio.h>
int main()
{
    char str[81],*p;
    int i;
    for(i=0;i<80;i++)
    {
        str[i]=getchar();
        if(str[i]=='\n')  break;
    }
    str[i]='\0';
     [3] ;
    while(*p) putchar(*p  [4]  );
    return 0;
}
```

4. 下面是一个实现把 t 指向的字符串复制到 s 的函数。

```
strcpy( char *s,char *t )
{
    while( (  [5]  ) !='\0');
```

```
}
```

5. 下面 count 函数的功能是统计子串 substr 在母串 str 中出现的次数。

```
count(char *str,char *substr)
{
    int i,j,k,num=0;
    for(i=0;  [6]  ;i++)
        for(  [7]  ,k=0;substr[k]==str[j];k++,j++)
            if(substr[  [8]  ]=='\0')
            {
                num++;
                break;
            }
    return (num);
}
```

6. 下面 connect 函数的功能是将两个字符串 s 和 t 连接起来。

```
connect (char *s,char *t)
{
    char *p=s;
    while(*s)  [9]  ;
    while(*t)
    {
        *s=  [10]  ;
        s++;
        t++;
    }
    *s='\0';
      [11]
}
```

（三）阅读程序并写出运行结果

1. 运行如下程序并分析其结果。

```
#include  <stdio.h>
int main()
{
    void fun(char *s);
    static char str[]="123";
    fun(str);
    return 0;
}
void  fun(char *s)
{
    if(*s)
    {
```

```
        fun(++s);
        printf("%s\n",--s);
    }
}
```

2. 运行如下程序并分析其结果。

```
#include  <stdio.h>
void sub(int *x,int y,int z)
{
    *x=y-z;
}
int main()
{
    int a,b,c;
    sub(&a,10,5);
    sub(&b,a,7);
    sub(&c,a,b);
    printf("%d,%d,%d\n",a,b,c);
    return 0;
}
```

3. 下列程序的功能是保留给定字符串中小于字母"n"的字母。请写出其结果并分析。

```
#include  <stdio.h>
void abc(char *p)
{
    int i,j;
    for(i=j=0;*(p+i)!='\0';i++)
        if(*(p+i)<'n')
        {
            *(p+j)=*(p+i);
            j++;
        }
        *(p+j)='\0';
    }
int main()
{
    char str[]="morning";
    abc(str);
    puts(str);
    return 0;
}
```

4. 运行如下程序并分析其结果。

```
#include  <stdio.h>
int main()
```

```
{
    char *a[4]={"Tokyo","Osaka ","Sapporo " ,"Nagoya "};
    char *pt;
    pt=a;
    printf("%s",*(a+2));
    return 0;
}
```

5. 设如下程序的文件名为 myprogram. c,编译并连接后在 DOS 提示下键入命令:my program one two three,则执行后其结果是什么?

```
#include  <stdio.h>
int main(int argc,char *argv[ ] )
{
    int i;
    for(i=1;i<argc;i++)
        printf("%s%c",argv[i],(i<argc-1)?' ' : '\n');
    return 0;
}
```

(四) 编程题

1. 编一程序,求出从键盘输入的字符串的长度。

2. 编一程序,将字符串中的第 m 个字符开始的全部字符复制到另一个字符串。要求在主函数中输入字符串及 m 的值并输出复制结果,在被调用函数中完成复制。

3. 输入一个字符串,按相反次序输出其中的所有字符。

4. 输入 2 个字符串,将其连接后输出。

5. 编写一个密码检测程序,程序执行时,要求用户输入密码(标准密码预先设定),然后通过字符串比较函数,比较输入密码和标准密码是否相等。若相等,则显示"口令正确"并转去执行后继程序;若不相等,重新输入,3 次都不相等则终止程序的执行。

6. 编写一程序,求出某个二维数组中各行的最大值,并指明其位置。

7. 编写一程序,求某个字符串的子串。

二、习题解答

(一) 选择题

1. D。&*a 用法错误,因为*号是间接引用运算符,后面只能接指针类型的变量,而 a 是普通整型变量,不是指针类型的变量。

2. C。指针 p 指向数组 a 首元素后,指针移动是以数组元素为单位的,而 short 类型的元素长度为 2 个字节,因此,p++后,p 的值是 2002,不是 2001。

3. C。指针 p 指向数组 a 首元素后,a[1]、p[1]、*(p+1)均可引用第 2 个数组元素"2",而*p+1 表示是首元素的值加 1,即*p+1=0+1=1。因此,正确答案是 C。

4. C。q 是二级指针,引用变量 a 只能是**q,而不是*q,因此,正确答案是 C。

5. D。类似于 int *p[10],(*q)[10]这样的定义,可以根据星号与中括号这 2 种运算符的优先级加以区分,中括号的优先级要高。因此,可以快速确定 p 是数组,而 q 是指针,然后再确定各自变量的细节。

6. C。p 是指向 4 个元素的数组指针,p++将跳过 4 个元素,因此,正确答案是 C。

7. B。字符串存放在字符数组中时,会存储字符串结束标志'\0',因此,*(p+4)的值是'\0'。

8. A。p 是指向具有 2 个元素数组的指针,p+2 将跳过 2*2=4 个元素,指向 50 和 60 这 2 个元素组成的数组,*(p+2)是 50 这个元素的首地址,*(p+2)+1 是 60 这个元素的首地址,因此,*(*(p+2)+1)的值为 60,正确答案是 A。

9. C。p 是指针数组,有 4 个元素(p[0],p[1],p[2],p[3]),p[1]指向 4,所以*p[1]=4;p 是指针数组名,代表数组首地址,(*p)表示数组首元素 p[0],因此,(*p)[1]相当于 p[0][1],即(*p)[1]=2;p[3]指向 10,p[3]+1 指向 11,因此,*(p[3]+1)=11。

10. C。A 选项中,数组长度 4 太小,至少是 6;B 选项中,s 没有分配内存;D 选项中,s 前不用加地址符。只有 C 选项是正确的操作。

11. A。注意在 switch 语句中,无论从哪个 case 入口开始执行,只要没有遇到 break 语句,就会一直往后执行,直至 switch 语句结束。

12. C。根据题意,执行程序时,argc 初始值是 4,argv[1]="AA",argv[2]="BB",argv[3]="CC",因此,正确答案是 C。

13. B。language 是指针数组,其数组元素 language[2]是一个指针,存储的是"PASCAL"的首地址。因此,正确答案是 B。

14. C。p 是指向具有 3 个元素数组的指针。A 选项中,p+2 越界;B 选项等价于 A 选项,也是越界;C 选项中,p[1]+1 相当于*(p+1)+1,是表示数组元素地址;D 选项用法有误。

15. A。p 定义成指向函数的指针,p=max 使 p 存储函数入口地址。

16. D。选项 D 不是地址表示,而是元素值的表示。

17. B。数组名始终代表数组首地址,不允许通过赋值改变其值,因此,B 选项的赋值操作是错误的。

18. B。二级指针 s 只能存储一级指针地址,因此,A 选项用法错误;一级指针可以接受普通数组的地址,因此,B 选项正确;**s 应该是变量的值,不能存储地址,所以 C 选项错;*s 是一级指针,只能存储地址,不能存储字符 C,因此,D 选项用法错误。

(二)程序填空

1. [1] *s1==*s2
2. [2] *p
3. [3] p=str
   [4] ++
4. [5] *s++=*t++
5. [6] str[i]!='\0'
   [7] j=i
   [8] k+1
6. [9] s++
   [10] *t

[11] return (p);

（三）阅读程序并写出运行结果

1. 运行结果是：

```
3
23
123
```

2. 运行结果是：

```
5,-2,7
```

3. 答案是：

```
mig
```

4. 答案是：

```
Sapporo
```

5. 答案是：

```
one  two  three
```

（四）编程题

1. 编一程序,求出从键盘输入的字符串的长度。

```c
/* xt6_1.c */
#include <stdio.h>
#include <string.h>
int main()
{
    char str[50],*p;
    int length=0;
    printf("请输入一个字符串\n");
    gets(str);
    p=str;
    while(*p!='\0')
    {
        p++;
        length++;
    }
    printf("输入的字符串的长度为%d\n",length);
    return 0;
}
```

2. 编一程序,将字符串中的第 m 个字符开始的全部字符复制到另一个字符串。要求在主函数中输入字符串及 m 的值并输出复制结果,在被调用函数中完成复制。

```c
/* xt6_2.c */
#include <stdio.h>
#include <string.h>
int main()
{
```

```
    int m;
    char s1[50],s2[50];
    printf("请输入一字符串 s1=");
    gets(s1);
    printf("请输入复制的起始位置 m=");
    scanf("%d",&m);
    if(strlen(s1)<m)
        printf("输入有误!");
    else
    {
        copystr(s2,s1,m);
        printf("复制的结果是 s2=%s\n",s2);
    }
    return 0;
}
copystr(char *str2,char *str1,int m)
{
    int n=0;
    while(n<m-1)
    {
        str1++;
        n++;
    }
    while(*str1!='\0')
    {
        *str2=*str1;
        str2++;
        str1++;
    }
    *str2='\0';
}
```

3. 输入一个字符串，按相反次序输出其中的所有字符。

```
/* xt6_3.c */
#include  <stdio.h>
#include  <string.h>
int main()
{
    char str[81],*p;
    int i;
    for ( i=0;i<80;i++)
    {
        str[i]=getchar( );
        if (str[i]=='\n')break;
```

```
    }
    p=str;
    while ( --i>=0 )
        putchar(*(p+i) );
    return 0;
}
```

4. 输入 2 个字符串，将其连接后输出。

```
/* xt6_4.c */
#include  <stdio.h>
#include  <string.h>
strlink(char *str1,char *str2)
{
    while((*str1)!='\0') str1++;
    while((*str2)!='\0') {*str1=*str2;str1++;str2++;}
    *str1='\0';
}
int main()
{
    char *s1="Very",*s2=" good!";
    strlink (s1,s2);
    printf("%s\n",s1);
    return 0;
}
```

5. 编写一个密码检测程序，程序执行时，要求用户输入密码（标准密码预先设定），然后通过字符串比较函数比较输入密码和标准密码是否相等。若相等，则显示"口令正确"并转去执行后继程序；若不相等，重新输入，3 次都不相等则终止程序的执行。

```
/* xt6_5.c */
#include  <stdio.h>
#include <conio.h>
#include  <stdlib.h>
int strcompare(char *str1,char *str2)                        /* 字符串比较函数 */
{
    while(*str1==*str2 && *str1!=0 && *str2!=0)
    {
        str1++;
        str2++;
    }
    return *str1-*str2;
}
int main()
{
    char password[20]="c program";
```

```
    char input_pass[20];                                    /* 定义字符数组 input_pass */
    int i=0;                                                        /* 检验密码 */
    while(1)
    {
        printf("请输入密码\n");
        gets(input_pass);                                           /* 输入密码 */
        if(strcompare(input_pass,password)!=0)
            printf("口令错误,按任意键继续\n");
        else
        {
            printf("口令正确!\n");
            break;
        }                                            /* 输入正确的密码,中止循环 */
        getchar();
        i++;
        if(i==3) exit(0);                            /* 输入 3 次错误的密码,退出程序 */
    }
                                                 /* 输入正确密码所进入的程序段 */
    return 0;
}
```

6. 编写一程序,求出某个二维数组中各行的最大值,并指明其位置。

```
/* xt6_6.c */
#include  <stdio.h>
#define N 3
#define M 4
int main()
{
    int a[N][M],max[N],i,j;
    int (*p)[4]=a;
    printf("请输入一个二维数组,元素有%d 行%d 列\n",N,M);
    for(i=0;i<N;i++)
        for(j=0;j<M;j++)
            scanf("%d",*(p+i)+j);
    for(i=0;i<N;i++)
    {
        max[i]=*(*(p+i)+0);
        for(j=1;j<M;j++)
        if(max[i]<*(*(p+i)+j))
            max[i]=*(*(p+i)+j);
    }
    for(i=0;i<N;i++)
    {
        for(j=0;j<M;j++)
```

```
        printf("%-4d",*(*(p+i)+j));
      printf("第%d行的最大值为%d\n",i,max[i]);
    }
    return 0;
}
```

7. 编写一程序,求某个字符串的子串。

```
/* xt6_7.c */
#include  <stdio.h>
char *substr(char *s,int i,int j)
{
    int t;
    static char sub[50];
    for (t=0;t<j;t++)
        sub[t]=s[i+t- 1];
    sub[t]='\0';
    return sub;
}
int main()
{
    char str[50];
    int start,length;
    printf("请输入一个字符串\n");
    gets(str);
    printf("请输入欲求子串的起始位置 start=");
    scanf("%d",&start);
    printf("请输入欲求子串的长度 length=");
    scanf("%d",&length);
    printf("求得的子串为");
    printf("%s\n",substr(str,start,length));
    return 0;
}
```

题解 7　结构与共用

一、习题

(一)选择题

1. 下面正确的叙述的是(　　)。

　A. 结构一经定义,系统就给它分配了所需的内存单元

　B. 结构体变量和共用体变量所占内存长度是各成员所占内存长度之和

　C. 可以对结构类型和结构类型变量赋值、存取和运算

D. 定义共用体变量后,不能引用共用体变量,只能引用共用体变量中的成员

2. 结构体类型变量在程序执行期间(　　)。

　A. 所有成员驻留在内存中

　B. 只有一个成员驻留在内存中

　C. 部分成员驻留在内存中

　D. 没有成员驻留在内存中

3. 设有以下定义

```
struct date
{
    int cat;  char c;
    int a[4];
    long m;
}mydate;
```

则在 Visual C++ 6.0 中执行语句:printf("%d",sizeof(struct date));的结果是
(　　)。

　A. 25　　　　　　B. 28　　　　　　C. 15　　　　　　D. 18

4. 在说明一个共用体变量时系统分配给它的存储空间是(　　)。

　A. 该共用体中第一个成员所需的存储空间

　B. 该共用体中最后一个成员所需的存储空间

　C. 该共用体中占用最大存储空间的成员所需的存储空间

　D. 该共用体中所有成员所需存储空间的总和

5. 共用体类型变量在程序执行期间的某一时刻(　　)。

　A. 所有成员驻留在内存中　　　　B. 只有一个成员驻留在内存中

　C. 部分成员驻留在内存中　　　　D. 没有成员驻留在内存中

6. 对于下面有关结构体的定义或引用,正确的是(　　)。

```
struct student
{
    int no;
    int score;
}student1;
```

　A. student.score= 99;

　B. student LiMing;LiMing.score= 99;

　C. stuct LiMing;LiMing.score= 99;

　D. stuct student LiMing;LiMing.score= 99;

7. 以下说法错误的是(　　)。

　A. 结构体变量名代表该结构体变量的存储首地址

　B. 共用体占用空间大小为其成员项中占用空间最大的成员项所需存储空间大小

　C. 结构体类型定义时不分配存储空间,只有在结构体变量说明时,系统才分配存储空间

　D. 结构体数组中不同元素的同名成员项具有相同的数据类型

8. 若有以下说明和语句：

```
struct teacher
{
    int no;
    char *name;
}xiang,*p=&xiang;
```

则以下引用方式不正确的是(　　　)。

A. xiang.no　　　B. (*p).no　　　C. p->no　　　D. xiang->no

（二）程序填空

1. 以下程序段的作用是统计链表中结点的个数，其中 first 为指向第 1 个结点的指针。

```
struct node
{
    char data;
    struct node *next;
} *p,*first;
    ⋮
int c=0;
p=first;
while(  [1]  )
{
    [2]  ;
    p=  [3]  ;
}
```

2. 以下程序中使用一个结构体变量表示一个复数，然后进行复数加法和乘法运算。

```
#include  <stdio.h>
struct complex_number
{
    float real,virtual;
};
int main()
{
    struct complex_number a,b,sum,mul;
    printf("输入 a.real、a.virtual、b.real 和 b.virtual:");
    scanf("%f%f%f%f",&a.real,&a.virtual,&b.real,&b.virtual);
    sum.real=  [4]  ;
    sum.virtual=  [5]  ;
    mul.real=  [6]  ;
    mul.virtual=  [7]  ;
    printf("sum.real=%f,sum.virtual=%f\n",sum.real,sum.virtual);
    printf("mul.real=%f,mul.virtual=%f\n",mul.real,mul.virtual);
    return 0;
}
```

3. 以下程序用于在结构体数组中查找分数最高和最低的同学姓名和成绩。请在程序中的空白处填入一条语句或一个表达式。

```c
#include  <stdio.h>
int main()
{
    int max,min,i,j;
    static struct
    {
        char name[10];  int score;
    }stud[6]={"李明",99,"张三",88,"吴大",90,"钟六",80,"向杰",92,"齐伟",78};
    max=min=1;
    for (i=0;i<6;i++)
        if(stud[i].score>stud[max].score)
            [8] ;
        else
            if(stud[i].score<stud[min].score)
                [9] ;
    printf("最高分获得者为:%s,分数为:%d\n", [10] );
    printf("最低分获得者为:%s,分数为:%d\n", [11] );
    return 0;
}
```

（三）阅读程序并写出运行结果

1. 运行下列程序写出其结果并分析。

```c
#include  <stdio.h>
#include "process.h"
typedef struct person
{
    char name[31];
    int age;
    char address[101];
} Person;
int main(void)
{
    Person per[2]={
                {"Qian",25,"west street 31"},
                {"Qian",25,"west street 31"} };
    Person *p1=per;
    char *p2=per[0].name;
    printf("per=%u\n",per);
    printf("&per[0]=%u\n",&per[0]);
    printf("per[0].name=%u\n",per[0].name);
    printf("p1=%u\n",p1);
```

```
    printf("p2=%u\n\n",p2);
    printf("&p1=%u\n",&p1);
    printf("&p2=%u\n\n",&p2);
    printf("&per=%u\n",&per);
    return 0;
}
```

2. 下面是一个学生综合评估的源程序，写出程序运行的结果。

```
#include  <stdio.h>
#define ScoreTable_TY struct ScoreTable
ScoreTable_TY
{
    char name[31];
    int score[5];
    int sum;
    float avg;
};
void SumAndAvg(ScoreTable_TY *pt);
char *Remak(float avg);
int main()
{
    int i;
    ScoreTable_TY stu[5]={
                {"zhang",{68,79,80,76,92},0,0},
                {"wang",{88,89,90,96,92},0,0},
                {"li",{85,73,82,66,82},0,0},
                {"zhao",{98,99,90,96,92},0,0},
                {"qian",{68,79,72,71,62},0,0}
                };
    ScoreTable_TY *pt=stu;
    for(i=0;i<5;i++,pt++)
    {
        SumAndAvg(pt);
    }
    for(i=0;i<5;i++)
    {
        printf("%10s:%s\n",stu[i].name,Remak(stu[i].avg));
    }
    return 0;
}
void SumAndAvg(ScoreTable_TY *pt)
{
    int i;
    for(i=0;i<5;i++)
```

```
        pt->sum +=pt->score[i];
    pt->avg=pt->sum/5.0;
}
char *Remak(float avg)
{
    if(avg >90.0)
        return "best";
    else
        if(avg >75)
            return "better";
        else
            return "good";
}
```

3. 输入下列源程序，按提示输入相应的数据，写出运行结果，并分析源程序。

```
#include  <stdio.h>
#include  <malloc.h>
struct Person
{
    char   name[31];
    int    age;
    char address[101];
    struct Person  *next;
};
struct Person *createLink();
void printLink(struct Person *pt);
void distroyLink(struct Person *LinkHead);
int main()
{
    struct Person *LinkHead;
    LinkHead=createLink();
    printLink(LinkHead);
    distroyLink(LinkHead);
    return 0;
}
struct Person *createLink()
{
    struct Person *LinkHead,*LinkEnd,*pt;
    int i;
    printf("input name age address:\n");
    for(i=0;i<3;i++)
    {
        pt=(struct Person *)malloc(sizeof(struct Person));
        scanf("%s %d %s",pt->name,&pt->age,pt->address);
```

```
        if(0==i)
        {
            LinkHead=pt;
            LinkEnd=pt;
        }
        else
        {
            LinkEnd->next=pt;
            LinkEnd=pt;
        }
    }
    LinkEnd->next=NULL;
    return LinkHead;
}
void printLink(struct Person *pt)
{
    while(NULL!=pt)
    {
        printf("%-20s,%4d,%s\n",pt->name,pt->age,pt->address);
        pt=pt->next;
    }
}
void distroyLink(struct Person *LinkHead)
{
    struct Person *pt;
    int i=0;
    pt=LinkHead;
    while(NULL !=pt)
    {
        LinkHead=LinkHead->next;
        free(pt);
        printf("free node:%d\n",i++);
        pt=LinkHead;
    }
}
```

4. 试分析下列源程序的功能，写出其运行结果。

```
#include  <stdio.h>
#define Person_1struct person_1
struct person_1
{
    char name[31];
    int age;
    char address[101];
```

```
};
typedef struct person_2
{
    char name[31];
    int age;
    char address[101];
}Person_2;
int main(void)
{
    Person_1a={"zhao",31,"east street 49"};
    Person_1b=a;
    Person_2c={"Qian",25,"west street 31"};
    Person_2d=c;
    printf("%s,%d,%s\n",b.name,b.age,b.address);
    printf("%s,%d,%s\n",d.name,d.age,d.address);
    return 0;
}
```

5. 试分析下列源程序的功能,写出其运行结果。

```
#include  <stdio.h>
int main()
{
    union cif_ty
    {
        char c;
        int i;
        float f;
    } cif;
    cif.c='a';
    printf("c=%c\n",cif.c);
    cif.f=101.1;
    printf("c=%c,f=%f\n",cif.c,cif.f);
    cif.i=0x2341;
    printf("c=%c,i=%d,f=%f",cif.c,cif.i,cif.f);
    return 0;
}
```

6. 这是一个结构体变量传递的程序,试问结果是什么?

```
#include  <stdio.h>
struct student
{
    int x;
    char c;
} a;
int main()
```

```
{
    a.x=3;
    a.c='a';
    f(a);
    printf("%d,%c",a.x,a.c);
    return 0;
}
f(struct student b)
{
    b.x=20;
    b.c='y';
}
```

7. 写出下列源程序运行的结果,并分析。

```
#include  <stdio.h>
int main()
{
    struct BitField
    {
        unsigned a:1;
        unsigned b:3;
        unsigned c:4;
        unsigned d:8;
    } bit,* pbit;
    printf("size of bit:%d bytes\n",sizeof(bit));
    bit.a=1;
    bit.b=7;
    bit.c=15;
    bit.d=255;
    printf("%d,%d,%d,%d\n",bit.a,bit.b,bit.c,bit.d);
    pbit=&bit;
    pbit->a=0;
    pbit->b&=1;
    pbit->c|=0;
    pbit->d^=0X0F;
    printf("%d,%d,%d,%d\n",pbit->a,pbit->b,pbit->c,pbit->d);
    return 0;
}
```

8. 写出下列源程序运行的结果,并分析。

```
#include  <stdio.h>
int main()
{
    int a=60,b,c;
    b=a>>2;
```

```
    c=a/4;
    printf("a=%d\nb=%d\nc=%d\n",a,b,c);
    return 0;
}
```

9. 写出下列源程序运行的结果，并分析。

```
#include  <stdio.h>
int main()
{
    int a=15,b,c;
    b=a<<2;  c=a * 4;
    printf("a=%d\nb=%d\nc=%d\n",a,b,c);
    return 0;
}
```

10. 写出下列源程序运行的结果，并分析。

```
#include  <stdio.h>
int main()
{
    int a,b;
    a=98;
    b=0x83;
    printf("a AND b:%d\n",a&b);
    printf("a OR b:%d\n",a|b);
    printf("a NOR b:%d\n",a^b);
    return 0;
}
```

11. 运行下列程序，键盘输入一个八进制数，然后写出下列源程序运行的结果，并分析。

```
#include  <stdio.h>
int main()
{
    unsigned a,b,c,d;
    scanf("%o",&a);
    b=a>>4;
    c=~(~0<<4);                                          /* 0x000F */
    d=b&c;
    printf("%o,%d\n%o,%d\n",a,a,d,d);
    return 0;
}
```

（四）编程题

1. 编写 input( )和 output( )函数输入/输出 5 个学生的数据记录。每个学生的数据包括学号（num[6]）、姓名（name[8]）和 4 门课的成绩（score[4]）。要求在 main( )函数中只有 input( )和 output( )两个函数调用语句即可实现。

2. 创建一个链表，结点数目从键盘输入，每个结点包括：学号、姓名和年龄。链表建立完毕,请将链表按记录逐行显示出来。

3. 假设某链表的结点结构同上面的第 2 题,链表头指针为 head,请你设计一个显示链表的函数。

4. 假设某链表的结点结构同上面的第 2 题,链表头指针为 head,请你设计一个在链表删除一个指定结点的函数。

二、习题解答

(一)选择题

1. D。本题考查的是结构体和共用体的基本概念的掌握。答案是 D。

2. A。结构体类型变量在程序执行期间,所有成员一直驻留在内存中,并不是部分成员驻留在内存中,所以,正确答案是 A。

3. B。在 VC 中,整型变量占 4 个字节,长整型变量占 4 个字节,字符型变量占 1 个字节,但结构体变量所占字节数是按单位长度逐个为各个成员分配的,本题中的单位长度是 4,通过分析不难得出正确答案是 B。

4. C。由定义可知,共用体各成员共用同一段内存空间,这样共用体变量所需存储空间就是需要最大存储空间的成员占用的空间大小,所以正确答案是 C。

5. B。对于共用体类型变量,同一个内存段可以用来存放几种不同类型的成员,但在每一瞬时只能存放其中一种,而不是同时存放几种,所以正确答案是 B。

6. D。A 错是因为不能通过结构体类型名引用结构体成员;B 错是因为不能把结构体名 student 当做类型名使用;C 错是因为不能把关键字 struct 当做类型名使用;而 D 中用 struct student 这个类型名定义变量 LiMing,然后对其成员 score 赋值是正确的,所以正确答案是 D。

7. A。结构体变量的存储首地址 =& 结构体变量名,这一特点跟普通变量相似,而跟数组不同。所以 A 的叙述是错误的。B、C 和 D 的叙述是正确的。所以正确答案是 A。

8. D。结构体变量的引用方式为:结构体变量名. 成员名,A 和 B 属于这一种;结构体指针变量的引用方式为:结构体指针变量名->成员名,C 属于这一种。在 D 中,由于 xiang 不是结构体指针变量,其引用方式不对。因此,正确答案为 D。

(二)程序填空

1. [1] p!=NULL
   [2] c++
   [3] p->next

2. [4] a.real+b.real
   [5] a.virtual+b.virtual
   [6] a.real * b.real-a.virtual * b.virtual
   [7] a.virtual * b.real+a.real * b.virtual

3. [8] max=i
   [9] min=i
   [10] stud[max].name,stud[max].score

[11] stud[min].name,stud[min].score

（三）阅读程序并写出运行结果

1. 运行结果可能是：

```
per              =3794
&per[0]          =3794
per[0].name      =3794
p1               =3794
p2               =3794

&p1              =4062
&p2              =4066

&per             =3794
```

（注意：在不同机器上运行的结果可能不一样）

2. 运行结果如下：

```
zhang:    better
wang:     best
li:       better
zhao:     best
qian:     good
```

3. 本程序的一次运行结果如下：

```
input name age address:
ZhangSan 18 HuNan
LiSi 19 HuBei
WangWu 20 BeiJing
ZhangSan          ,18,HuNan
LiSi              ,19,HuBei
WangWu            ,20,BeiJing
free node:0
free node:1
free node:2
```

4. 程序的运行结果如下：

```
zhao,31,east street 49
Qian,25,west street 31
```

5. 程序的运行结果如下：

```
c=a
c=3,f=101.099998
c=A,i=9025,f=101.068855
```

6. 程序的运行结果如下：

```
3,a
```

7. 程序的运行结果如下：

size of bit: 2 bytes

1,7,15,255

0,1,15,240

8. 程序的运行结果如下：

a=60

b=15

c=15

9. 运行结果如下：

a=15

b=60

c=60

10. 运行结果如下：

a AND b:2

a OR b:227

a NOR b:225

11. 运行结果如下：

输入的数据：

100

运行结果：

100,64

4,4

（四）编程题

1. 编写 input( )和 output( )函数输入/输出 5 个学生的数据记录。每个学生的数据包括学号（num[6]）、姓名（name[8]）和 4 门课的成绩（score[4]）。要求在 main( )函数中只有 input( )和 output( )两个函数调用语句即可实现。

```c
/* xt7_1.c */
#include  <stdio.h>
#define N 2
struct student
{
    char num[6];
    char name[8];
    int score[4];
} stu[N];
input( )
{
    int i,j;
    for(i=0;i<N;i++)
    {
        printf("\n please input %d of %d\n",i+1,N);
        printf("num: ");
```

```
        scanf("%s",stu[i].num);
        printf("name: ");
        scanf("%s",stu[i].name);
        for(j=0;j<3;j++)
        {
            printf("score %d:",j+1);
            scanf("%d",&stu[i].score[j]);
        }
        printf("\n");
    }
}
output()
{
    int i,j;
    printf("No.    Name    Sco1    Sco2   Sco3\n");
    for(i=0;i<N;i++)
    {
        printf("%- 6s%- 10s",stu[i].num,stu[i].name);
        for(j=0;j<3;j++)
            printf("%- 8d",stu[i].score[j]);
        printf("\n");
    }
}
int main()
{
    input();
    output();
    return 0;
}
```

2. 创建一个链表,结点数目从键盘输入,每个结点包括:学号、姓名和年龄。链表建立完毕,请将链表按记录逐行显示出来。

```
/* xt7_2.c */
/* create a list */
#include  <stdlib.h>
#include  <stdio.h>
struct list
{
    int no;
    char name[10];
    int age;
    struct list *next;
};
typedef struct list node;
```

```
typedef node *link;
int main()
{
    link ptr,head;
    int num,i,length;
    ptr=(link)malloc(sizeof(node));
    head=ptr;
    printf("Now,let's begin creating the LIST! \n");
    printf("First,please input length of the LIST: \n");
    scanf("%d",&length);
    for(i=0;i<length;i++)
    {
        printf("Then please input node %d of the LIST! \n",i);
        printf("No:");
        scanf("%d",&ptr->no);
        printf("Name:");
        scanf("%s",ptr->name);
        printf("Age:");
        scanf("%d",&ptr->age);
        ptr->next=(link)malloc(sizeof(node));
        if(i==length-1)
            ptr->next=NULL;
        else
            ptr=ptr->next;
    }
    printf("Nodes of LIST is listed below!");
    printf("\nNo.      Name       Age\n");
    printf("- - - - - - - - - - - - - - - - - - - - - - - - - \n");
    ptr=head;
    while(ptr!=NULL)
    {
        printf("%3d%10s%10d\n",ptr->no,ptr->name,ptr->age);
        ptr=ptr->next;
    }
    return 0;
}
```

3. 假设某链表的结点结构同上面的第 2 题,链表头指针为 head,请设计一个显示链表的函数。

```
Display_LIST(node *head)
{
    node *p;
    p=head;
    while(p!=NULL)
```

```
    {
        printf("%3d%10s%10d\n",p->no,p->name,p->age);
        p=p->next;
    }
}
```

4. 假设某链表的结点结构同上面的第 2 题,链表头指针为 head,请你设计一个在链表删除一个指定结点的函数。

```
void Delete_Node(node *head)
{
    node *p,*q;
    int i,j;
    printf("请输入欲删除的结点位置:\n");
    scanf("%d",&i);
    if(i==1)
    {
        p=head;
        head=p->next;
        free(p);
    }
    else
    {
        q=head;
        for(j=1;j<i-1;j++)
            q=q->next;
        if(q!=NULL)
        {
            p=q->next;
            q->next=p->next;
            free(p);
        }
        else
            printf("ERROR!");
    }
}
```

题解8 文   件

一、习题

(一) 选择题

1. 以下可作为函数 fopen( )中第 1 个参数的正确格式是(   )。

  A. `"c:\myfile\1.text"`   B. `"c:\myfile\1.txt"`

  C. `"c:\myfile\1"`   D. `"c:\\myfile\\1.txt"`

2. 为写而打开文本 my.dat 的正确写法是(　　　)。

  A. `fopen("my.dat","rb")`   B. `fp=fopen("my.dat","r")`

  C. `fopen("my.dat","wb")`   D. `fp=fopen("my.dat","w")`

3. 若执行 fopen 函数时发生错误,则函数的返回值是(　　　)。

  A. 地址值   B. 0   C. 1   D. NULL

4. 已知函数的调用形式为 `fread(buffer,size,count,fp)`,其中 buffer 代表的是(　　

)。

  A. 一个整型变量,代表要读入的数据项总数

  B. 一个文件指针,指向要读的文件

  C. 一个指针,指向存储读入数据的存储区

  D. 一个存储区,存放要读的数据项

5. 设有以下结构体类型(　　　)。

```
struct student
{
    char name[10];
    float score[5];
}stu[20];
```

并且结构体数组 stu 中的元素都已有值,若要将这些元素写到硬盘文件 fp 中,以下不
正确的形式是:

  A. `fwrite(stu,sizeof(stuct student),20,fp)`

  B. `fwrite(stu,20 * sizeof(stuct student),1,fp)`

  C. `fwrite(stu,20 * sizeof(stuct student),2,fp)`

  D. `for(i=0;i<20;i++)  fwrite(stu+i,sizeof(stuct student),1,fp)`

6. 以下不能将文件位置指针重新移到文件开头位置的函数是(　　　)。

  A. `rewind(fp);`

  B. `fseek(fp,0,SEEK_SET);`

  C. `fseek(fp,-(long)ftell(fp),SEEK_CUR);`

  D. `fseek(fp,0,SEEK_END);`

7. 若有以下程序,使用命令:myfile　file1　file2 的功能是(　　　)。

```
/* 文件名为:myfile.c */
int main(int argc,char *argv[])
{
    FILE *fp1,*fp2;
    if(argc<3)
    {
        printf("Usage: myfile filename1 filename2\n");
        exit(0);
    }
```

```
        fp1=fopen(argv[1],"r");
        fp2=fopen(argv[2],"w");
        while(!feof(fp1))
            fputc(fgetc(fp1),fp2);
        fclose(fp1);
        fclose(fp2);
        return 0;
    }
```

A. 将 file1 文件复制到 file2 文件

B. 将 file2 文件复制到 file1 文件

C. 读取 file1 文件的内容并在屏幕上显示出来

D. 读取 file2 文件的内容并在屏幕上显示出来

8. 下面程序的功能是(   )。

```
#include  <stdio.h>
int main()
{
    FILE *fp;
    fp=fopen("myfile","r+");
    while(!feof(fp))
        if(fgetc(fp)=='*')
        {
            fseek(fp,-1L,SEEK_CUR);
            fputc('$',fp);
            fseek(fp,ftell(fp),SEEK_SET);
        }
    fclose(fp);
    return 0;
}
```

A. 将 myfile 文件中所有'*'均替换成'$'

B. 查找 myfile 文件中所有'*'

C. 查找 myfile 文件中所有'$'

D. 将 myfile 文件中所有字符均替换成'$'

9. 以下程序的运行结果是:

```
#include  <stdio.h>
#include  <stdlib.h>
int main()
{
    FILE *fp;
    char *str1="first",*str2="second";
    if((fp=fopen("myfile","w+"))==NULL)
    {
        printf("Can't open file!\n");
```

```
            exit(0);
        }
        fwrite(str2,6,1,fp);
        fseek(fp,0L,SEEK_SET);
        fwrite(str1,5,1,fp);
        fclose(fp);
        return 0;
}
```

A. first　　　　　B. second　　　　C. firstd　　　　D. 为空

（二）程序填空

1. 下面程序用于从键盘输入一个以'?'为结束标志的字符串,将它存入指定的文件 my.txt 中。

```
#include  <stdio.h>
#include  <stdlib.h>
int main()
{
    FILE *fp;
    char ch;
    if((  [1]  )==NULL)
    {
        printf("不能打开文件\n");
        exit(0);
    }
    ch=getchar();
    while( [2] )
    {
        fputc(ch,fp);
         [3] ;
    }
    fclose(fp);
    return 0;
}
```

2. 下面的程序实现统计 C 盘根目录下的 my.txt 文件中字符的个数。

```
#include  <stdio.h>
#include  <stdlib.h>
int main()
{
    FILE *fp;
    char ch;
    long num=0;
    if( [4] )
    {
```

```
        printf("Can't open file!\n");
        exit(0);
    }
    while(  [5]  )
    {
        fgetc(fp);
         [6]  ;
    }
    printf("%ld",num);
    fclose(fp);
    return 0;
}
```

3. 下面的程序读取并显示一个字符文件的内容。

```
#include  <stdio.h>
#include  <stdlib.h>
int main(int argc,char *argv[])
{
    FILE *fp;
    char ch;
    if((fp=fopen(argv[1],"r"))==  [7]  )
    {
        puts("Can't open file!");
        exit(0);
    }
    while((ch=fgetc(  [8]  ))!=  [9]  )
        printf("%c",  [10]  );
    fclose(fp);
    return 0;
}
```

4. 下面程序把从终端读入的 10 个整数以二进制方式写到一个名为 bi.dat 的新文件中。

```
#include  <stdio.h>
#include  <stdlib.h>
FILE *fp;
int main()
{
    int i,j;
    if((fp=fopen(    [11]    ,"wb"))==NULL)
        exit(0);
    for(i=0;i<10;i++)
    {
        scanf("%d",&j);
        fwrite(&j,sizeof(int),1,  [12]  );
    }
```

```
        fclose(fp);
        return 0;
}
```

（三）阅读程序并写出运行结果

1. 阅读下列程序并写出其结果。

```
#include  <stdio.h>
#include  <stdlib.h>
int main()
{
    int i,n;
    FILE *fp;
    if((fp=fopen("temp","w+"))==NULL)
    {
        printf("不能建立 temp 文件\n");
        exit(0);
    }
    for(i=1;i<=10;i++)
        fprintf(fp,"%3d",i);
    for(i=0;i<10;i++)
    {
        fseek(fp,i * 3L,SEEK_SET);
        fscanf(fp,"%d",&n);
        printf("%3d",n);
    }
    fclose(fp);
    return 0;
}
```

2. 阅读下列程序并写出其结果。

```
#include  <stdio.h>
#include  <stdlib.h>
int main()
{
    int i,n;  FILE *fp;
    if((fp=fopen("temp","w+"))==NULL)
    {
        printf("不能建立 temp 文件\n");
        exit(0);
    }
    for(i=1;i<=10;i++)
        fprintf(fp,"%3d",i);
    for(i=0;i<10;i++)
    {
```

```
        fseek(fp,i * 3L,SEEK_SET);
        fscanf(fp,"%d",&n);
        fseek(fp,i * 3L,SEEK_SET);
        printf("%3d",n+10);
    }
    for(i=0;i<5;i++)
    {
        fseek(fp,i* 6L,SEEK_SET);
        fscanf(fp,"%d",&n);
        printf("%3d",n);
    }
    fclose(fp);
    return 0;
}
```

3. 假设在 D:盘根目录下有一文件 student.txt,存入的是学生的成绩,内容如下:

zhao 82 qian 86 sun 99 li 98 zhou 78

请阅读下列程序并写出其结果。

```
#include  <stdio.h>
#include  <stdlib.h>
int main()
{
    int i,SCORE;
    char NAME[10];
    FILE *fp;
    if((fp=fopen("d:\\student.txt","rb"))==NULL)
    {
        printf("Can't read file:student.txt\n");
        exit(0);
    }
    printf("      NAME      SCORE\n");
    while(!feof(fp))
    {
        fscanf(fp,"%s %d",NAME,&SCORE);
        printf("%10s%10d\n",NAME,SCORE);
    }
    fclose(fp);
    return 0;
}
```

（四）编程题

1. 编程打开一个文本文件 temp.txt,将其全部内容显示在屏幕上。

2. 从键盘输入一些字符,逐个把它们存入磁盘文件,直到输入一个"#"为止。

3. 从键盘输入一个字符串,将小写字母全部转换成大写字母,然后输出到一个磁盘文件"test"中保存。输入的字符串以"!"结束。

4. 有两个磁盘文件 A 和 B,各存放一行字母,要求把这两个文件中的信息合并(按字母顺序排列),输出到一个新文件 C 中。

5. 有 5 个学生,每个学生有 3 门课的成绩,从键盘输入以上数据(包括学生号,姓名,3 门课成绩),计算出平均成绩,将原有的数据和计算出的平均分数存放在磁盘文件"stud"中。

6. 编写一个 display.c 程序实现文件的 ASCII 码和对应字符的显示。例如:display example.c 的部分结果如下图所示:

```
000000: 2f 2a 65 78 61 6d 70 6c 65 2e 63 2a 2f 0a 23 69   /*example.c*/.#i
000010: 6e 63 6c 75 64 65 20 3c 73 74 64 69 6f 2e 68 3e   nclude <stdio.h>
000020: 0a 23 69 6e 63 6c 75 64 65 20 3c 73 74 64 6c 69   .#include <stdli
000030: 62 2e 68 3e 0a 23 69 6e 63 6c 75 64 65 20 3c 63   b.h>.#include <c
000040: 6f 6e 69 6f 2e 68 3e 0a 6d 61 69 6e 28 69 6e 74   onio.h>.main(int
000050: 20 61 72 67 2c 20 63 68 61 72 20 2a 61 72 67    argc, char *arg
000060: 76 5b 5d 29 0a 7b 0a 09 63 68 61 72 20 6c 65 74   v[]).{..char let
000070: 74 65 72 5b 31 37 5d 3b 0a 09 69 6e 74 20 63 2c   ter[17];..int c,
000080: 69 2c 63 6f 75 6e 74 3b 0a 09 46 49 4c 45 20 2a   i,count;..FILE *
000090: 66 70 3b 0a 09 66 72 65 6f 70 65 6e 28 22 64 3a   fp;..freopen("d:
0000a0: 5c 5c 64 2e 6f 75 74 2c 22 77 22 2c 73 74 64   \\d.out","w",std
0000b0: 6f 75 74 29 3b 0a 09 69 66 28 61 72 67 63 3c 32   out);..if(argc<2
0000c0: 29 0a 09 7b 0a 09 09 70 72 69 6e 74 66 28 22 55   )..{...printf("U
```

7. 编写一个程序实现文件的复制。

二、习题解答

(一) 单项选择题

1. D。fopen( )函数的第一个参数表示文件名,文件名中的 '\' 应该用转义字符表示,即 '\\',所以正确答案为 D。

2. D。fopen( )函数的第一个参数表示文件名,第二个参数表示打开文件的方式,"r"表示读方式,"w"表示写方式等,所以正确答案为 D。

3. D。如果 fopen( )函数调用成功,则返回指向打开文件的一个文件型的指针,如果打开不成功,则返回一个 NULL,所以此题的正确答案是 D。

4. D。fread( )函数的第 1 个参数是一个指针,指出从文件中读出的数据存放到内存什么地方,所以该题答案是 D。

5. C。答案 C 是把"20 * sizeof(stuct student) * 2"字节写到文件中,多于数组实际的字节数:20 * sizeof(stuct student),所以该题的答案是 C

6. D。本题考查 fseek( )函数的用法。D 答案中,从文件末尾(第 3 个参数 SEEK_END)向前移动 0(第 2 个参数)个字节,显然不能移到文件开头,所以答案为 D。

7. A。使用命令后,argv[1]的值是"file1",argv[2]的值是"file2"。

8. A。考查 fseek( )函数的使用。在文件中读取一个字符 '*' 后,其内部指针已经指向了 '*' 之后的那个字符。此时用 fseek( )函数回退一个字符的位置,并输出 '$',实际上相当于用 '$' 替换掉 '*'。因此,答案是 A。

9. C。考查 fseek()函数的使用。向文件写入"second"后，文件内部指针调整到文件首，写入"first"将"secon"覆盖，所以，最后文件的内容为"firstd"。

（二）程序填空

1. [1] fp=fopen("my.txt","w")

　　[2] ch!='?'

　　[3] ch=getchar()

2. [4] (fp=fopen("c:\\my.txt","r"))==NULL

　　[5] !feof(fp)

　　[6] num++

3. [7] NULL

　　[8] fp

　　[9] EOF

　　[10] ch

4. [11] "bi.dat"

　　[12] fp

（三）阅读程序并写出运行结果

1. 运行结果是：

　1 2 3 4 5 6 7 8 9 10

2. 运行结果是：

　11 12 13 14 15 16 17 18 19 20 1 3 5 7 9

3. 运行结果是：

NAME	SCORE
zhao	82
qian	86
sun	99
li	98
zhou	78

（四）编程题

1. 编程打开一个文本文件 d:\temp.txt，将其全部内容显示在屏幕上。

```
/* xt8_1.c */
#include  <stdio.h>
#include  <stdlib.h>
int main()
{
    FILE *fp;
    char ch;
    fp=fopen("d:\\temp.txt","r");
    if (!fp)
    {
        printf("Can't open file:d:\\temp.txt\n");
```

```
        exit(0);
    }
    ch=fgetc(fp);
    while (ch!=EOF)
    {
        putchar(ch);
        ch=fgetc(fp);
    }
    fclose(fp);
    return 0;
}
```

2. 从键盘输入一些字符，逐个把它们存入磁盘文件，直到输入一个"#"为止。

```
/* xt8_2.c */
#include  <stdio.h>
#include  <stdlib.h>
int main()
{
    FILE *fp;
    char ch,filename[10];
    scanf("%s",filename);
    if((fp=fopen(filename,"w"))==NULL)
    {
        printf("cannot open file\n");
        exit(0);
    }
    ch=getchar();
    while(ch!='#')
    {
        fputc(ch,fp);
        putchar(ch);
        ch=getchar();
    }
    fclose(fp);
    return 0;
}
```

3. 从键盘输入一个字符串，将小写字母全部转换成大写字母，然后输出到一个磁盘文件"test"中保存。输入的字符串以！结束。

```
/* xt8_3.c */
#include  <stdio.h>
#include  <stdlib.h>
int main()
{
```

```
FILE *fp;
char str[100],filename[10];
int i=0;
if((fp=fopen("test","w"))==NULL)
{
    printf("cannot open the file\n");
    exit(0);
}
printf("please input a string:\n");
gets(str);
while(str[i]!='!')
{
    if(str[i]>='a'&&str[i]<='z')
        str[i]=str[i]-32;
    fputc(str[i],fp);
    i++;
}
fclose(fp);
fp=fopen("test","r");
fgets(str,strlen(str)+1,fp);
printf("%s\n",str);
fclose(fp);
return 0;
}
```

4. 有两个磁盘文件 A 和 B,各存放一行字母,要求把这两个文件中的信息合并(按字母顺序排列),输出到一个新文件 C 中。

```
/* xt8_4.c */
#include  <stdio.h>
#include  <stdlib.h>
int main()
{
    FILE *fp;
    int i,j,n,ni;
    char c[160],t,ch;
    if((fp=fopen("A","r"))==NULL)
    {
        printf("file A cannot be opened\n");
        exit(0);
    }
    printf("\n A contents are :\n");
    for(i=0;(ch=fgetc(fp))!=EOF;i++)
    {
        c[i]=ch;
```

```c
            putchar(c[i]);
        }
    fclose(fp);
    ni=i;
    if((fp=fopen("B","r"))==NULL)
    {
        printf("file B cannot be opened\n");
        exit(0);
    }
    printf("\n B contents are :\n");
    for(;(ch=fgetc(fp))!=EOF;i++)
    {
        c[i]=ch;
        putchar(c[i]);
    }
    fclose(fp);
    n=i;
    for(i=0;i<n;i++)
        for(j=i+1;j<n;j++)
        if(c[i]>c[j])
        {
            t=c[i];c[i]=c[j];c[j]=t;
        }
    printf("\n C file is:\n");
    fp=fopen("C","w");
    for(i=0;i<n;i++)
        {
            putc(c[i],fp);
            putchar(c[i]);
        }
    fclose(fp);
    return 0;
}
```

（注意：在调试时，文件 A、B 和 C 都要给出具体的包含路径的文件名）

5. 有 5 个学生，每个学生有 3 门课的成绩，从键盘输入以上数据（包括学生号，姓名，3 门课成绩），计算出平均成绩，将原有的数据和计算出的平均分数存放在磁盘文件"stud"中。

```c
/* xt8_5.c */
#include  <stdio.h>
struct student
{
    char num[6];
    char name[8];
```

```
    int score[3];
    float avr;
} stu[5];
int main()
{
    int i,j,sum;
    FILE *fp;
    for(i=0;i<5;i++)                                    /* input */
    {
        printf("\n please input No. %d score:\n",i+1);
        printf("stuNo:");
        scanf("%s",stu[i].num);
        printf("name:");
        scanf("%s",stu[i].name);
        sum=0;
        for(j=0;j<3;j++)
        {
            printf("score %d.",j+1);
            scanf("%d",&stu[i].score[j]);
            sum+=stu[i].score[j];
        }
        stu[i].avr=sum/3.0;
    }
    fp=fopen("stud","w");
    for(i=0;i<5;i++)
        if(fwrite(&stu[i],sizeof(struct student),1,fp)!=1)
            printf("file write error\n");
    fclose(fp);
    return 0;
}
```

6. 编写一个 display.c 程序实现文件的 ASCII 码和对应字符的显示。例如,display example.c 的部分结果如下图所示:

```
000000:  2f 2a 65 78 61 6d 70 6c 65 2e 63 2a 2f 0a 23 69  /*example.c*/.#i
000010:  6e 63 6c 75 64 65 20 3c 73 74 64 69 6f 2e 68 3e  nclude <stdio.h>
000020:  0a 23 69 6e 63 6c 75 64 65 20 3c 73 74 64 6c 69  .#include <stdli
000030:  62 2e 68 3e 0a 23 69 6e 63 6c 75 64 65 20 3c 63  b.h>.#include <c
000040:  6f 6e 69 6f 2e 68 3e 0a 6d 61 69 6e 28 69 6e 74  onio.h>.main(int
000050:  20 61 72 67 63 2c 20 63 68 61 72 20 2a 61 72 67   argc, char *arg
000060:  76 5b 5d 29 0a 7b 0a 09 63 68 61 72 20 6c 65 74  v[]).{..char let
000070:  74 65 72 5b 31 37 5d 3b 0a 09 69 6e 74 20 63 2c  ter[17];..int c,
000080:  69 2c 63 6f 75 6e 74 3b 0a 09 46 49 4c 45 20 2a  i,count;..FILE *
000090:  66 70 3b 0a 09 66 72 65 6f 70 65 6e 28 22 64 3a  fp;..freopen("d:
0000a0:  5c 5c 64 2e 6f 75 74 22 2c 22 77 22 2c 73 74 64  \\d.out","w",std
0000b0:  6f 75 74 29 3b 0a 09 69 66 28 61 72 67 63 3c 32  out);..if(argc<2
0000c0:  29 0a 09 7b 0a 09 09 70 72 69 6e 74 66 28 22 55  )..{...printf("U
```

```
/* xt8_6.c */
#include  <stdio.h>
#include  <stdlib.h>
int main(int argc,char *argv[])
{
    char letter[17];
    int c,i,count;
    FILE *fp;
    if(argc<2)
    {
        printf("Usage:display filename\n");
        exit(0);
    }
    if((fp=fopen(argv[1],"r"))==NULL)
    {
        printf("Can't open file:%s\n",argv[1]);
        exit(0);
    }
    count=0;
    do
    {
        i=0;
        printf("%06x",count *16);                  /* 显示行首址 */
        while((c=fgetc(fp))!=EOF)                   /* 显示 ASCII 码 */
        {
            printf(" %02x",c);
            if(c<' '||c>0x7e)
                letter[i]='.';
            else
                letter[i]=c;
            if(++i==16)                             /* 每行显示 16 个字符的 ASCII 码 */
                break;
        }
        letter[i]='\0';
        if(i!=16)
            for(;i<16;i++)
                printf("   ");
        printf(" %s\n",letter);
        count++;
        if(count%10==0)
        {
            printf("Press a key to continue...\n");
            getchar();
```

```
        }
    }while(c!=EOF);
    fclose(fp);
    return 0;
}
```

7. 编写一个程序实现文件的复制。

```
/* xt8_7.c */
/* copy_file.c */
#include  <stdio.h>
#include  <stdlib.h>
int main(int argc,char *argv[])
{
    char c;FILE *fp1,*fp2;
    if(argc<3)
    {
        printf("Usage:copy_file filename1 filename2\n");
        exit(0);
    }
    if((fp1=fopen(argv[1],"r"))==NULL)
    {
        printf("Can't open file:%s\n",argv[1]);
        exit(0);
    }
    if((fp2=fopen(argv[2],"w"))==NULL)
    {
        printf("Can't create file:%s\n",argv[2]);
        exit(0);
    }
    while((c=fgetc(fp1))!=EOF)
        fputc(c,fp2);
    fclose(fp1);
    fclose(fp2);
    return 0;
}
```

题解 9   程序设计实例

一、习题

(一) 常用算法设计题

1. 迷宫问题。在指定的迷宫中找出从入口到出口的所有可通路径。

2. 砝码问题。一位商人有 4 块砝码,各砝码重量不同且都是整磅数,而且用这 4 块砝码可以在天平上称 1 至 40 磅之间的任意重量(砝码可以放在天平的任一端),请问这 4 块砝码各重多少?

3. 抓贼问题。警察审问四名窃贼嫌疑犯。已知,这四人当中仅有一名是窃贼,还知道这四个人中每人要么是诚实的,要么总是说谎。他们给警察的回答是:

甲说:"乙没有偷,是丁偷的。"

乙说:"我没有偷,是丙偷的。"

丙说:"甲没有偷,是乙偷的。"

丁说:"我没有偷。"

请根据这四个人的回答判断谁是窃贼。

4. 子串定位问题。子串定位运算的功能是返回子串 t 在主串 s 中首次出现的位置,如果 s 中未出现 t,则返回 −1。函数名为 index(s,t)。例如,主串为"abcdefbc",子串为"bc",则子串在主串中首次出现的位置为 2。

5. 约瑟夫问题。设有 n 个人围坐在一个圆桌周围(从 1 到 n 依次编号),现从第 s 个人开始报数,数到第 m 的人出列,然后从出列的下一个人重新开始报数,数到第 m 的人又出列……如此重复直到所有的人全部出列为止。对于任意给定的 n,s 和 m,求出这 n 个人员的出列次序。设 n=8,s=1,m=4,则其出列顺序为:4→8→5→2→1→3→7→6。

6. n 皇后问题。在 n×n 的方阵棋盘上,试放 n 个皇后,每放一个皇后,必须满足该皇后与其他皇后互不攻击(即不在同一行、同一列、同一对角线上),求出所有可能解。

7. 背包问题。有一个背包,能装入的物品总重量为 S,设有 N 件物品,其重量分别为 $W_1,W_2,\cdots,W_N$。希望从 N 件物品中选择若干件物品,所选物品的重量之和恰能放入该背包,即所选物品的重量之和等于 S。试编程求解。

8. 过桥问题。有 N(N≥2)个人在晚上需要从 X 地到达 Y 地,中间要过一座桥,过桥需要手电筒(而他们只有 1 个手电筒),每次最多两个人一起过桥(否则桥会垮)。N 个人的过桥时间按从小到大的顺序依次存入数组 t[N]中,分别为:t[0],t[1],…,t[N−1]。过桥的速度以慢的人为准!注意:手电筒不能丢过桥!问题是:编程求这 N 个人过桥所花的最短时间。

(二)模块化程序设计题

1. 用链表结构存储记录,编写一个小型学生成绩管理系统,可参照例 9.15 进行模块化程序设计。

2. 编写一个重要数据管理系统,具体要求如下:

① 现在每个人在不同网站都有用户名和密码等信息,还有银行卡卡号及密码信息,众多的信息经常忘记,因此我们可以编写一个重要数据管理系统,将自己需要保护的数据加密存储在指定的文件中。

② 程序执行时,首先要进行密码检测,以不让非法用户使用本程序。标准密码预先在程序中设定,也可预先加密存储在专门的文件中。程序运行时,若用户的输入密码和标准密码相同,则显示"口令正确!"并转去执行后续程序;若不相等,重新输入,3 次都不相等则显示"您是非法用户!"并终止程序的执行。

③ 管理系统的日常管理功能可参照例 9.15 进行模块化程序设计。需要保护的数据包括编号,账号位置,账号描述,账号名及密码等信息。

④ 对重要数据进行日常管理(包括查询、添加、删除、修改等)时是要求明文显示的,而存入文件是要求加密存储的。

二、习题解答

（一）常用算法设计题

1. 迷宫问题。 用回溯法求解。程序如下：

```c
#include  <stdio.h>
#include  <stdlib.h>
#define n1 10
#define n2 10
typedef struct node
{
    int x;//存 x 坐标
    int y;//存 Y 坐标
    int c;//存该点可能的下点所在的方向,1 表示向右,2 向下,3 向左,4 向上
}stack;
stack top[100];
//迷宫矩阵
int maze[n1][n2]={  1,  1,  1,  1,  1,  1,  1,  1,  1,  1,
                    0,  0,  0,  1,  0,  0,  0,  1,  0,  1,
                    1,  1,  0,  1,  0,  0,  0,  1,  0,  1,
                    1,  0,  0,  0,  0,  1,  1,  0,  0,  1,
                    1,  0,  1,  1,  1,  0,  0,  0,  0,  1,
                    1,  0,  0,  0,  1,  0,  0,  0,  0,  1,
                    1,  0,  1,  0,  0,  0,  1,  0,  0,  1,
                    1,  0,  1,  1,  1,  0,  1,  1,  0,  1,
                    1,  1,  0,  0,  0,  0,  0,  0,  0,  0,
                    1,  1,  1,  1,  1,  1,  1,  1,  1,  1  };

int i,j,k,m=0;
int main()
{
    //初始化 top[],置所有方向数为 1(表示向右)
    for(i=0;i<n1*n2;i++)
    {
        top[i].c=1;
    }
    printf("the maze is:\n");
    //输出原始迷宫矩阵
    for(i=0;i<n1;i++)
    {
        for(j=0;j<n2;j++)
                printf(maze[i][j]?"*":" ");
        printf("\n");
```

```
}
i=0;top[i].x=1;top[i].y=0;
maze[1][0]=2;
/* 回溯算法 */
do
{
    if(top[i].c<5) //还可以向前试探
    {
        if(top[i].x==8 && top[i].y==9) //已找到一个组合
        {
            //输出路径
            printf("The way %d is:\n",m++);
            for(j=0;j<i;j++)
            {
                printf("(%d,%d)->",top[j].x,top[j].y);
            }
            printf("(%d,%d)\n",top[j].x,top[j].y);
            //输出选出路径的迷宫
            for(j=0;j<n1;j++)
            {
                for(k=0;k<n2;k++)
                {
                    if(maze[j][k]==0) printf("  ");
                    else if(maze[j][k]==2) printf("O");
                        else printf("*");
                }
                printf("\n");
            }
            maze[top[i].x][top[i].y]=0;
            top[i].c=1;
            i--;
            top[i].c +=1;
            continue;
        }
    switch(top[i].c) //向前试探
    {
        case 1:
        {
            if(maze[top[i].x][top[i].y+1]==0)
            {
                i++;
                top[i].x=top[i-1].x;
                top[i].y=top[i-1].y+1;
```

```
                maze[top[i].x][top[i].y]=2;
            }
            else
            {
                top[i].c+=1;
            }
            break;
        }
        case 2:
        {
            if(maze[top[i].x+1][top[i].y]==0)
            {
                i++;
                top[i].x=top[i-1].x+1;
                top[i].y=top[i-1].y;
                maze[top[i].x][top[i].y]=2;
            }
            else
            {
                top[i].c +=1;
            }
            break;
        }
        case 3:
        {
            if(maze[top[i].x][top[i].y-1]==0)
            {
                i++;
                top[i].x=top[i-1].x;
                top[i].y=top[i-1].y-1;
                maze[top[i].x][top[i].y]=2;
            }
            else
            {
                top[i].c+=1;
            }
            break;
        }
        case 4:
        {
            if(maze[top[i].x-1][top[i].y]==0)
            {
                i++;
```

```
                top[i].x=top[i-1].x-1;
                top[i].y=top[i-1].y;
                maze[top[i].x][top[i].y]=2;
            }
            else
            {
                top[i].c+=1;
            }
            break;
        }
    }
    else //回溯
    {
        if(i==0) return;//已找完所有解
        maze[top[i].x][top[i].y]=0;
        top[i].c=1;
        i--;
        top[i].c+=1;
    }
}while(1);
return 0;
}
```

2. 砝码问题。用穷举法求解。程序如下：

```
#include  <stdio.h>
int main()
{
    int w1,w2,w3,w4,d1,d2,d3,d4,x,equal_x,ok;
    for(w1=1;w1<=40;w1++)
        for(w2=w1+1;w2<=40-w1;w2++)
            for(w3=w2+1;w3<=40-w1-w2;w3++)
                if((w4=40-w1-w2-w3)>w3)
                {
                    ok=1;
                    for(x=1;x<=40;x++)
                    {
                        equal_x=0;
                        for(d1=1;d1>-2;d1-- )
                            for(d2=1;d2>-2;d2-- )
                                for(d3=1;d3>-2;d3-- )
                                    for(d4=1;d4>-2;d4-- )
                                        if(x==w1 * d1+w2 * d2+w3 * d3+w4 * d4)
                                            equal_x=1;
```

```
                    if(!equal_x)
                    {
                        ok=0;
                        break;
                    }
                }
                if(ok)
                    printf("%d %d %d %d\n",w1,w2,w3,w4);
            }
        return 0;
    }
```

3. 抓贼问题。用穷举法求解。假设用 A、B、C、D 分别代表四个人,变量的值为 1 代表该人是窃贼,则根据四个人的说法可列出 4 个条件:B+D=1;B+C=1;A+B=1;A+B+C+D=1。程序如下:

```
#include  <stdio.h>
int main()
{
    int i,j,a[4];
    for(i=0;i<4;i++)                                    /* 假定只有第 i 个人为窃贼 */
    {
        for(j=0;j<4;j++)                                /* 将第 i 个人设置为 1 表示窃贼,其余为 0 */
            if(j==i)   a[j]=1;
            else    a[j]=0;
        if(a[3]+a[1]==1&&a[1]+a[2]==1&&a[0]+a[1]==1)     /* 判断条件是否成立 */
        {
            printf("The thief is");                       /* 成立 */
            for(j=0;j<=3;j++)                             /* 输出计算结果 */
                if(a[j]) printf("%c.",j+'A');
            printf("\n");
        }
    }
    return 0;
}
```

4. 子串定位问题。用顺序查找方法求解,程序如下:

```
#include  <stdio.h>
int index(char *s,char *t)
{
    int i,j,k;
    /* 在主串中从 s[i]开始逐个与子串中的每个字符比较 */
    for (i=0;*(s+i)!='\0';i++)
    {
        for(j=i,k=0;*(t+k)!='\0' && *(s+j)==*(t+k);j++,k++);
```

```
        if (*(t+k)=='\0')
                return(i+1);                      /* 若子串已到串尾,则返回位置号 */
    }
    return(-1);
}


int main()
{
    char s1[50],s2[20];
    int n,i;
    printf("判定子串在主串中首次出现的位置:\n");
    printf("请输入主串:");
    gets(s1);
    printf("请输入子串:");
    gets(s2);
    n=index(s1,s2);
    if (n>0)
        printf("查找结果:子串位置为%d",n);
    else
        printf("查找结果:主串中不存在该子串!");
    return 0;
}
```

5. 约瑟夫问题。用穷举和通过循环队列顺序查找的方法求解。具体的解题思路:先将 n 个人的编号依次存入数组 A 中,再设一个报数计数器 k 进行报数,每从数组中读出一个元素,则 k 加 1,若报的数为 m,则出列并存入结果数组。对于出列以后的元素,将其编号置为 0,下次将不会再参与报数。当读完最后一个元素之后,接着读第一个元素,这样实现循环报数。直到全部元素都被标记为 0 为止(此时出列元素个数为 n)。

程序如下:

```
#include  <stdio.h>
#define  N 8
josephus(a,start,m,result) /* a 数组存放人员编号(1~ N),result 数组存出列顺序编号 */
int a[ ],start,m,result[ ];
{
    int i,k=0,j=0;
    for(i=start-1;i<N;)                      /* 从起始位置 start(数组下标要减 1)开始循环报数 */
    {
        if (a[i]!=0)                                           /* 若编号不为 0 */
        {
            k++;                                               /* 报数计数器 k 加 1 */
            if(k==m)                                       /* 若报的数为 m,则出列 */
            {
                result[j]=a[i];                      /* 将该数存入出列结果数组 result */
```

```
            j++;                                    /* 出列元素个数 j 加 1 */
            a[i]=0;                                 /* 将该已出列的数的编号标记为 0 */
            k=0;                                    /* 报数计数器清 0,准备重新开始报数 */
            if (j==N) break;                        /* 若出列元素个数＝N,退出报数循环 */
            }
        }
        i++;                                        /* 循环控制变量 i 加 1,指向下一个元素 */
        if(i==N) i=0;                               /* 若 i 指向最后一个元素之后,使它指向第 1 元素 */
    }
}
int main()
{
    int A[N],S=1,M=4,B[N]={0};
    int i;
    for (i=0;i<N;i++)
        A[i]=i+1;                                   /* 将人员编号 (1~ N)存入数组 A 中 */
    josephus(A,S,M,B);
    printf("出列人员号码序列为:\n");
    for (i=0;i<N- 1;i++)
        printf("%d-->",B[i]);                       /* 输出前 N- 1 个出列人员 */
    printf("%d\n",B[N-1]);                          /* 最后一个出列人员单独输出,因其后不跟箭头 */
    return 0;
}
```

6. n 皇后问题。用递归算法求解。由于每一行只能放一个皇后,本程序采用一维数组 elem[NUM]存储各行皇后所在的列位置,如数组元素 elem[i]＝k 表示第 i 个皇后位于第 k 列。程序如下:

```
#include  <stdio.h>
#include  <math.h>
#define NUM 8                                       /* 棋子数及棋盘大小 NUMxNUM */
int elem[NUM];
int result=1;
void show_result()                                  /* 输出结果 */
{
    int i;
    printf("第%d 个解为:",result++);
    for(i=0;i<NUM;i++)
        printf("(%d,%d)",i,elem[i]);
    printf("\n\n");
}
int check_cross(int n)                              /* 检查是否有冲突 */
{
    int i;
```

```
    for(i=0;i<n;i++)
    {
        if (elem[i]==elem[n] || fabs(n-i)==fabs(elem[i]-elem[n])) return 1;
    }
    return 0;
}
void put_chess(int n)                              /* 放棋子到棋盘上(递归算法) */
{
    int i;
    if(n==NUM) return;
    for(i=0;i<NUM;i++)
    {
        elem[n]=i;
        if(! check_cross(n))
        {
            if(n==NUM-1)  show_result();           /* 找到其中一种放法,输出结果 */
            else    put_chess(n+1);
        }
    }
}
int main()
{
    put_chess(0);
    return 0;
}
```

7. 背包问题。用递归算法求解。程序如下:

```
#include  <stdio.h>
#define N 7
#define S 10
int w[N+1]={0,1,4,3,4,5,2,7};
int knap(int s,int n)
{
    if (s==0)    return 1;
    if (s<0 || (s>0 && n<1))    return 0;
    if (knap(s-w[n],n-1))
    {
        printf("%4d",w[n]);
        return 1;
    }
    return (knap(s,n-1));
}
int main()
{
```

```
    if (knap(S,N))    printf("OK! \n");
    else    printf("无解!\n");
    return 0;
}
```

8. 过桥问题。用递归方法求解。

算法提示：

N 个人（N≥2）过桥的方法如下。

① 如果 N＝2，所有人直接过桥（本次过去 2 个人）。

② 如果 N＝3，由最快的人往返往 1 次把其他两人送过河（本次过去 3 个人）。

③ 如果 N≥4，设 A、B 为走得最快和次快的旅行者，过桥所需时间分别为 a、b；而 Z、Y 为走得最慢和次慢的旅行者，过桥所需时间分别为 z、y。那么

a. 当 2b＞＝a＋y 时，使用模式一将 Z 和 Y 送过桥；（模式一：A、Z 过去，A 返回送手电，再 A、Y 过去，A 返回送手电，即总是由最快的把 2 个最慢的送过桥。本次过去 2 个人）；

b. 当 2b＜a＋y 时，使用模式二将 Z 和 Y 送过桥；（模式二：A、B 过去，A 返回送手电，再 Z、Y 过去，B 返回送手电，即先过去 2 个最快的，再过去 2 个最慢的。本次过去 2 个人）。

用递归法编写的程序如下：

```
#include  <stdio.h>
#define N 4
int time=0;
void GuoQiao(int a[],int n)
{
    if(n==2)        time+=a[1];
    if(n==3)        time+=(a[0]+a[1]+a[2]);
    if(n>=4)
    {    if(2*a[1]>=(a[0]+a[n-2]))
            time+=(2*a[0]+a[n-1]+a[n-2]);
        else
            time+=(a[1]+a[0]+a[n-1]+a[1]);
        GuoQiao(a,n-2);
    }
}
int main()
{    int t[N]={1,4,5,10};
    GuoQiao(t,N);
    printf("过桥所花的最短时间为:%d\n\n\n",time);
    return 0;
}
```

（二）模块化程序设计题

1. 用链表结构存储记录，编写一个小型学生成绩管理系统。参考程序如下：
```
/* * * * * * *头文件(.h)* * * * * * */
#include "stdio.h"                        /* printf()、scanf()I/O 函数 */
```

```
#include "malloc.h"                                    /* malloc()内存分配函数 */
#include "stdlib.h"                              /* atoi()、exit()、system()函数 */
#include "string.h"                          /* strcpy()、strlen()、strcmp()函数 */
#define N 3                                                        /* 定义常数 */
typedef struct stu                                            /* 定义结构体类型 */
{
    char no[11];
    char name[15];
    float score[N];
    float sum;
    float average;
    int order;
    struct stu *next;
}STUDENT;
/* 菜单函数,返回值为整数 */
int menu_select()
{
    char s[3];
    int c;
    printf("\n    * * * * * * * * * * 主菜单* * * * * * * * * * \n");
    printf("          1.输入记录\n");
    printf("          2.显示所有记录\n");
    printf("          3.对所有记录进行排序\n");
    printf("          4.按姓名查找记录并显示\n");
    printf("          5.插入记录\n");
    printf("          6.删除记录\n");
    printf("          7.将所有记录保存到文件\n");
    printf("          8.从文件中读入所有记录\n");
    printf("          9.退出\n");
    printf("    * * * * * * * * * * * * * * * * * * * * * * \n\n");
    do
    {
        printf("       请选择操作(1-9):");
        scanf("%s",s);
        c=atoi(s);
    }while(c<0||c>9);                              /* 若选择项不在 0~9 之间,则重输 */
    return(c);                          /* 返回选择项,主程序根据该数调用相应的函数 */
}
/* 创建链表,完成数据录入功能,新结点在表头插入 */
STUDENT *create()
{
    int i;
    float s;
```

```
    STUDENT *h=NULL,*info;                              /* h:头结点指针;info:新结点指针 */
    for(;;)
    {
        info=(STUDENT *)malloc(sizeof(STUDENT));              /* 申请空间 */
        if(!info)                                        /* 如果指针 info 为空 */
        {
            printf("\n 内存分配失败");
            return NULL;                                          /* 返回空指针 */
        }
        printf("\n 请按如下提示输入相关信息.\n\n");
        printf("输入学号(输入'#'结束):");
        scanf("%s",info->no);                                 /* 输入学号并校验 */
        if(info->no[0]=='#') break;                 /* 如果学号首字符为# ,则结束输入 */
        printf("输入姓名:");
        scanf("%s",info->name);                           /* 输入姓名,并进行校验 */
        printf("输入%d 个成绩:\n",N);                        /* 提示开始输入成绩 */
        s=0;                                          /* 计算每个学生的总分,初值为 0 */
        for(i=0;i<N;i++)                                 /* N 门课程循环 N 次 */
        {
            do{
                printf("score[%d]:",i);                 /* 提示输入第几门课程 */
                scanf("%f",&info->score[i]);                /* 输入成绩 */
                if(info->score[i]>100||info->score[i]<0)
                                                    /* 确保成绩在 0-100 之间 */
                printf("非法数据,请重新输入! \n");            /* 出错提示信息 */
            }while(info->score[i]>100||info->score[i]<0);
            s=s+info->score[i];                          /* 累加各门课程成绩 */
        }
        info->sum=s;                                       /* 将总分保存 */
        info->average=(float)s/N;                             /* 求出平均值 */
        info->order=0;                                   /* 未排序前此值为 0 */
        info->next=h;                            /* 将头结点作为新输入结点的后继结点 */
        h=info;                                     /* 新输入结点为新的头结点 */
    }
    return(h);                                          /* 返回头指针 */
}
/* 显示模块 */
void print(STUDENT *h)
{
    int i=0;                                          /* 统计记录条数 */
    STUDENT *p;                                          /* 移动指针 */
    p=h;                                            /* 初值为头指针 */
    if(p==NULL)
```

```
    {
        printf("\n 很遗憾,空表中没有任何记录可供显示! \n");
    }
    else
    {
        printf("* * * * * * * * * * * STUDENT * * * * * * * * * * * \n");
        printf("记录号 学号 姓名 成绩 1 成绩 2 成绩 3 总分 平均分 名次\n");
        printf("- - - - - - - - - - - - - - - - - - - - - - - - - - \n");
        while(p!=NULL)
        {
            i++;
            printf ("%-4d %-11s%-15s%6.2f%7.2f%7.2f %9.2f%6.2f%3d \n",i,p->no,p
                    ->name,p->score[0],p->score[1],p->score[2],p->sum,p->
                    average,p->order);
            p=p->next;
        }
        printf("* * * * * * * * * * * * * * * * * * \n\n");
    }
}
/* 排序模块,实现根据总分 sum 的值按降序将链表重新排列 */
STUDENT *sort(STUDENT * h)
{
    int i=0;                                                /* 用来保存名次 */
    STUDENT *p,*q,*t,*h1;                                    /* 定义临时指针 */
    h1=h->next;                              /* 将原表的头指针所指的下一个结点做头指针 */
    h->next=NULL;                             /* 断开原来链表头结点与其他结点的链接 */
    while(h1!=NULL)                                  /* 当原表不为空时,进行排序 */
    {
        t=h1;                                            /* 取原表的头结点 */
        h1=h1->next;                                    /* 原表头结点指针后移 */
        p=h;                                      /* 设定移动指针 p,从头指针开始 */
        q=h;                                 /* 设定移动指针 q 作为 p 的前驱,初值为头指针 */
        while(p!=NULL&&t->sum<p->sum)                             /* 作总分比较 */
        {
            q=p;                                /* 待插入点值小,则新表指针后移 */
            p=p->next;
        }
        if(p==q)                                   /* p==q,此点应排在首位 */
        {
            t->next=p;                                /* 待排序点的后继为 p */
            h=t;                                      /* 新头结点为待排序点 */
        }
        else                            /* 待排序点应插入在 q 和 p 之间,如 p 为空则是尾部 */
```

```
    {
        t->next=p;                                              /* t 的后继是 p */
        q->next=t;                                              /* q 的后继是 t */
    }
}                                                   /* 链表重新排列(排序)完成 */
//由于链表已经排好序,所以只要从头指针开始,依次置名次号即可
p=h;                                                /* 已排好序的头指针赋给 p */
while(p!=NULL)                                          /* 赋予各组数据排序号 */
{
    i++;                                                        /* 结点序号 */
    p->order=i;                                               /* 将名次赋值 */
    p=p->next;                                                 /* 指针后移 */
}
printf("按总分从高到低排名成功!!! \n");
return (h);                                                   /* 返回头指针 */
}
/* 查找记录模块 */
void search(STUDENT *h)
{
    STUDENT *p;                                                /* 移动指针 */
    char s[15];                                         /* 存放姓名的字符数组 */
    printf("请输入您要查找的学生姓名:\n");
    scanf("%s",s);                                             /* 输入姓名 */
    p=h;                                                 /* 将头指针赋给 p */
    while(p!=NULL&&strcmp(p->name,s))  /* 当记录的姓名不是要找的,并且指针不为空时 */
        p=p->next;                            /* 移动指针,指向下一结点,继续查找 */
    if(p==NULL)                               /* 指针为空,说明未能找到所要的结点 */
        printf("\n 您要查找的是%s,很遗憾,查无此人! \n",s);
    else                                                /* 显示找到的记录信息 */
    {
    printf("* * * * * * * Found * * * * * * * * * \n");
    printf("学号 姓名 成绩 1 成绩 2 成绩 3 总分 平均分 名次\n");
    printf("- - - - - - - - - - - - - - - - - - - \n");
    printf ("%-11s%-15s%6.2f%7.2f%7.2f %9.2f%6.2f%3d \n",p->no,p->name,
            p->score[0],p->score[1],p->score[2],p->sum,p->average,p->
            order);
    printf("* * * * * * * * * * * * * * * * * * * * * \n");
    }
}
/* 在链表头部添加记录 */
STUDENT *insert(STUDENT *h)
{
    STUDENT *info;                        /* p 指向插入位置,q 是其前驱,info 指新插入记录 */
```

```
    int i,n=0;
    float s1;
    printf("\n 请添加新记录！\n");
    info=(STUDENT *)malloc(sizeof(STUDENT));            /* 申请空间 */
    if(!info)
    {
        printf("\n 内存分配失败!");
        return NULL;                                     /* 返回空指针 */
    }
    printf("输入学号:");
    scanf("%s",info->no);
    printf("输入姓名:");
    scanf("%s",info->name);
    printf("输入 %d 个成绩:\n",N);
    s1=0;
    for(i=0;i<N;i++)
    {
        do{
            printf("score[%d]:",i);
            scanf("%f",&info->score[i]);
            if(info->score[i]>100||info->score[i]<0)
                printf("非法数据,请重新输入！\n");
            }while(info->score[i]>100||info->score[i]<0);
            s1=s1+info->score[i];
    }
    info->sum=s1;
    info->average=(float)s1/N;
    info->order=0;                                       /* 未排序前此值为 */
    info->next=NULL;                                     /* 设后继指针为空 */
    info->next=h;                                        /* 将指针赋值给 p */
    h=info;                                              /* 将指针赋值给 q */
    printf("\n - - 已经添加 %s 到链表头部！- - \n",info->name);
    return(h);                                           /* 返回头指针 */
}
/* 删除记录模块 */
STUDENT *delete1(STUDENT * h)
{
    char k[5];                          /* 定义字符串数组,用来确认删除信息 */
    STUDENT *p,*q;               /* p 为查找到要删除的结点指针,q 为其前驱指针 */
    char s[11];                                          /* 存放学号 */
    printf("请输入要删除学生的学号:\n");                   /* 显示提示信息 */
    scanf("%s",s);                                   /* 输入要删除记录的学号 */
    q=p=h;                                        /* 给 q 和 p 赋初值头指针 */
```

```
    while(p!=NULL&&strcmp(p->no,s))        /* 当记录的学号不是要找的,或指针不为空时 */
    {
        q=p;                                /* 将 p 指针值赋给 q 作为 p 的前驱指针 */
        p=p->next;                          /* 将 p 指针指向下一条记录 */
    }
    if(p==NULL)                             /* 如果 p 为空,说明链表中没有该结点 */
        printf("\n 很遗憾,链表中没有您要删除的学号为 %s 的学生! \n",s);
    else                                    /* p 不为空,显示找到的记录信息 */
    {
        printf("* * * * * * * *  Found * * * * * * * * * \n");
        printf("学号 姓名 成绩 1 成绩 2 成绩 3 总分 平均分 名次\n");
        printf("- - - - - - - - - - - - - - - - - - - \n");
        printf ("%-11s%-15s%6.2f%7.2f%7.2f %9.2f%6.2f%3d \n",p->no,p->name,
            p->score[0],p->score[1],p->score[2],p->sum,p->average,p->order);
        printf("* * * * * * * * * * * * * * * * * * * * * * * * \n");
        do{
            printf("您确实要删除此记录吗? (y/n):");
            scanf("%s",k);
        }while(k[0]!='y'&&k[0]!='n');
        if(k[0]!='n')                       /* 删除确认判断 */
        {
            if(p==h)                        /* 如果 p==h,说明被删结点是头结点 */
                h=p->next;                  /* 修改头指针指向下一条记录 */
            else
                q->next=p->next;            /* 不是头指针,将 p 的后继结点作为 q 的后继结点 */
            free(p);                        /* 释放 p 所指结点空间 */
            printf("\n 已经成功删除学号为 %s 的学生的记录! \n",s);
        }
    }
    return(h);                              /* 返回头指针 */
}
/* 保存数据到文件模块 */
void save(STUDENT *h)
{
    FILE *fp;                               /* 定义指向文件的指针 */
    STUDENT *p;                             /* 定义移动指针 */
    char outfile[20];                       /* 保存输出文件名 */
    printf("请输入导出文件名,例如:d:\\xds\\score.txt:\n");
    scanf("%s",outfile);
    if((fp=fopen(outfile,"wb"))==NULL)      /* 为输出打开一个二进制文件,如没有则建立 */
    {
        printf("不能打开文件,文件保存失败! \n");
    }
```

```
    else
    {
        p=h;                                        /* 移动指针从头指针开始 */
        while(p!=NULL)                                    /* 如 p 不为空 */
        {
            fwrite(p,sizeof(STUDENT),1,fp);              /* 写入一条记录 */
            p=p->next;                                      /* 指针后移 */
        }
        fclose(fp);                                        /* 关闭文件 */
        printf("- - - - 所有记录已经成功保存至文件%s 中! - - - - - \n",outfile);
    }
}
/* 导入信息模块 */
STUDENT *load()
{
    STUDENT *p,*q,*h=NULL;                        /* 定义记录指针变量 */
    FILE *fp;                                     /* 定义指向文件的指针 */
    char infile[20];                                    /* 保存文件名 */
    printf("请输入导入文件名,例如:d:\\xds\\score.txt:\n");
    scanf("%s",infile);                                 /* 输入文件名 */
    if((fp=fopen(infile,"rb"))==NULL)        /* 打开一个二进制文件,为读方式 */
    {
        printf("文件打开失败! \n");             /* 如不能打开,返回头指针 */
        return h;
    }
    p=(STUDENT *)malloc(sizeof(STUDENT));                   /* 申请空间 */
    if(!p)
    {
        printf("内存分配失败!\n");             /* 如没有申请到,则内存溢出 */
        return h;                                      /* 返回空头指针 */
    }
    h=p;                                    /* 申请到空间,将其作为头指针 */
    while(!feof(fp))                          /* 循环读数据直到文件尾结束 */
    {
        if(1!=fread(p,sizeof(STUDENT),1,fp))
            break;                           /* 如果没读到数据,跳出循环 */
        p->next=(STUDENT *)malloc(sizeof(STUDENT));
                                            /* 为下一个结点申请空间 */
        if(!p->next)
        {
            printf("内存分配失败! \n");       /* 如没有申请到,则内存溢出 */
            return h;
        }
    }
```

```c
            q=p;                              /* 保存当前结点的指针,作为下一结点的前驱 */
            p=p->next;                        /* 指针后移,新读入数据链到当前表尾 */
        }
        q->next=NULL;                         /* 最后一个结点的后继指针为空 */
        fclose(fp);                           /* 关闭文件 */
        printf("已经成功从文件%s 导入数据!!! \n",infile);
        return h;                             /* 返回头指针 */
}
/* * * * * * 主函数开始 * * * * * */
int main()
{
        STUDENT *head=NULL;                   /* 链表定义头指针 */
        system("color 5e");                   /* 调 DOS 命令清屏,可用 color ? 命令查看命令格式 */
        for(;;)                               /* 无限循环 */
        {
            switch(menu_select())             /* 调用主菜单函数,返回值整数做开关语句的条件 */
            {
                case 1: head=create();break;       /* 创建链表 */
                case 2: print(head);break;         /* 显示全部记录 */
                case 3: head=sort(head);break;     /* 排序 */
                case 4: search(head);break;        /* 查找记录 */
                case 5: head=insert(head);break;   /* 插入记录 */
                case 6: head=delete1(head);break;  /* 删除记录 */
                case 7: save(head);break;          /* 保存文件 */
                case 8: head=load();break;         /* 读文件 */
                case 9: exit(0);                   /* 程序结束 */
            }
        }
        return 0;
}
```

2. 程序(略)。

第三部分 C语言程序设计
等级考试二级模拟试卷

试 卷 1

请考生注意：

1. 本试卷含公共基础知识试题(10分)和C语言程序设计试题(90分)。

2. 上机考试,时间120分钟,试卷满分100分。

(一)选择题(每题1分,共40分)

下列各题A、B、C、D四个选项中,只有一个选项是正确的。

1. 与十进制数200等值的十六进制数为(   )。

    A. A8   B. A4   C. C8   D. C4

2. 软件生命周期可分为定义阶段,开发阶段和维护阶段。详细设计属于(   )。

    A. 定义阶段   B. 开发阶段   C. 维护阶段   D. 上述三个阶段

3. 对存储器按字节进行编址,若某存储器芯片共有10根地址线,则该存储器芯片的存储容量为(   )。

    A. 1 KB   B. 2 KB   C. 4 KB   D. 8 KB

4. 在学生管理的关系数据库中,存取一个学生信息的数据单位是( )。

    A. 文件   B. 数据库   C. 字段   D. 记录

5. 计算机网络的主要特点是(   )。

    A. 运算速度快   B. 运算精度高   C. 资源共享   D. 人机交互

6. 磁盘处于写保护状态时其中的数据(   )。

    A. 不能读出,不能删改   B. 可以读出,不能删改

    C. 不能读出,可以删改   D. 可以读出,可以删改

7. 从Windows环境进入MS－DOS方式后,返回Windows环境的DOS命令为(   )。

    A. EXIT   B. QUIT   C. RET   D. MSDO

8. 在Windows环境下,若资源管理器左窗口中的某文件夹左边标有"＋"标记,则表示(   )。

    A. 该文件夹为空

    B. 该文件夹中含有子文件夹

    C. 该文件夹中只包含有可执行文件

    D. 该文件夹中包含系统文件

9. 在Windows菜单中,暗淡的命令名项目表示该命令(   )。

A. 暂时不能用　　B. 正在执行　　C. 包含下一层菜单　D. 包含对话框

10. 在 Windows 环境下，单击当前窗口中的按钮"×"（右上角的关闭按钮），其功能是（　　）。

A. 将当前应用程序转为后台运行　　B. 退出 Windows 后再关机
C. 终止当前应用程序的运行　　　　D. 退出 Windows 后重新启动计算机

11. 以下定义语句中正确的是（　　）。

A. `char  a='A'b='B';`　　　　　B. `float  a=b=10.0;`
C. `int  a=10,*b=&a;`　　　　　D. `float *a,b=&a;`

12. 下列选项中，不能用作标识符的是（　　）。

A. `_1234_`　　B. `_1_2`　　C. `int_2_`　　D. `2_int_}`

13. 有以下程序

```
main()
{
    int m=3,n=4,x;
    x=- m++;
    x=x+8/++n;
    printf("%d\n",x);
}
```

程序运行后的输出结果是（　　）。

A. 3　　　　B. 5　　　　C. −1　　　　D. −2

14. 有以下程序

```
main()
{
    char a='a',b;
    print("%c,",++a);
    printf("%c\n",b=a++);
}
```

程序运行后的输出结果是（　　）。

A. b,b　　　B. b,c　　　C. a,b　　　D. a,c

15. 有以下程序

```
main()
{
    int m=0256,n=256;
    printf("%o%o\n",m,n);
}
```

程序运行后的输出结果是（　　）。

A. 02560400　　B. 0256256　　C. 256400　　D. 400400

16. 有以下程序

```
main()
{
    int a=666,b=888;
```

```
        printf("%d\n",a,b);
    }
```

程序运行后的输出结果是(　　　　)。

    A. 错误信息　　　　B. 666　　　　　　C. 888　　　　　　D. 666,888

17. 有以下程序

```
main()
{
    int i;
    for(i=0;i<3;i++)
    switch(i)
    {
        case 0: printf("%d",i);
        case 2: printf("%d",i);
        default: printf("%d",i);
    }
}
```

程序运行后的输出结果是(　　　　)。

    A. 022111　　　　B. 021021　　　　C. 000122　　　　D. 012

18. 若 x 和 y 代表整型数,以下表达式中不能正确表示数学关系$|x-y|<10$ 的是(　　　　)。

    A. abs(x-y)<10

    B. x-y>-10&&x-y<10

    C. @(x-y)<-10||!(y-x)>10

    D. (x-y)*(x-y)<100

19. 有以下程序

```
main()
{
    int a=3,b=4,c=5,d=2;
    if(a>b)
        if(b>c)
            printf("%d",d+++1);
        else
            printf("%d",++d+1);
    printf("%d\n",d);
}
```

程序运行后的输出结果是(　　　　)。

    A. 2　　　　　　　B. 3　　　　　　　C. 43　　　　　　　D. 44

20. 下列条件语句中,功能与其他语句不同的是(　　　　)。

    A. if(a) printf("%d\n",x);else printf("%d\n",y);

    B. if(a==0) printf("%d\n",y);else printf("%d\n",x);

    C. if(a!=0) printf("%d\n",x);else printf("%d\n",y);

    D. if(a==0) printf("%d\n",x);else printf("%d\n",y);

21. 有以下程序

```
main()
{
    int i=0,x=0;
    for(;;)
    {
        if(i==3||i==5)  continue;
        if(i==6)    break;
        i++;
        s+=i;
    }
    printf("%d\n",s);
}
```

程序运行后的输出结果是(　　)。

　　A. 10　　　　　　B. 13　　　　　　C. 21　　　　　　D. 程序进入死循环

22. 若变量已正确定义,要求程序段完成求 5! 的计算,不能完成此操作的程序段是(　　)。

　　A. for(i=1,p=1;i<= 5;i++)p * =i;

　　B. for(i=1;i<=5;i++){p=1;p * =i;}

　　C. i=1;p=1;while(i<=5) {p * =i;i++;}

　　D. i=1;p=1;do{p * =i;i++;}while(i<=5);

23. 有以下程序

```
main()
{
    char a,b,c,d;
    scanf("%c,%c,%d,%d",&a,&b,&c,&d);
    printf("%c,%c,%c,%c\n",a,b,c,d);
}
```

若运行时从键盘上输入:6,5,65,66<回车>。则输出结果是(　　)。

　　A. 6,5,A,B　　　B. 6,5,65,66　　　C. 6,5,6,5　　　D. 6,5,6,6

24. 以下能正确定义二维数组的是(　　)。

　　A. int a[][3];　　　　　　　　　　B. int a[][3]=2{2 * 3};

　　C. int a[][3]={{1},{2},{3,4}};　　D. int a[2][3]={{1},{2},{3,4}};

25. 有以下程序

```
int f(int a)
{
    return a%2;
}
main()
{
    int s[8]={1,3,5,2,4,6},i,d=0;
    for(i=0;f(s);i++)
```

```
        d+=s;
    printf("%d\n",d);
}
```

程序运行后的输出结果是(   )。

    A. 9   B. 11   C. 19   D. 21

26. 若有以下说明和语句,int c[4][5],(*p)[5];p=c;能正确引用 c 数组元素的是(   )。

    A. p+1   B. *(p+3)   C. *(p+1)+3   D. *(p[0]+2))

27. 有以下程序

```
main()
{
    int a=7,b=8,*p,*q,*r;
    p=&a;q=&b;
    r=p;p=q;q=r;
    printf("%d,%d,%d,%d\n",*p,*q,a,b);
}
```

程序运行后的输出结果是(   )。

    A. 8,7,8,7   B. 7,8,7,8   C. 8,7,7,8   D. 7,8,8,7

28. s1 和 s2 已正确定义并分别指向两个字符串。若要求:当 s1 所指串大于 s2 所指串时,执行语句 S;,则以下选项中正确的是(   )。

    A. if(s1>s2) S;   B. if(strcmp(s1,s2)) S;

    C. if(strcmp(s2,s1)>0) S;   D. if(strcmp(s1,s2)>0) S;

29. 设有定义语句

```
int x[6]={2,4,6,8,5,7},*p=x,i;
```

要求依次输出 x 数组 6 个元素中的值,不能完成此操作的语句是(   )。

    A. for(i=0;i<6;i++) printf("%2d",*(p++));

    B. for(i=0;i<6;i++) printf("%2d",*(p+i));

    C. for(i=0;i<6;i++) printf("%2d",*p++);

    D. for(i=0;i<6;i++) printf("%2d",(*p)++);

30. 有以下程序

```
#include <stdio.h>
main()
{
    int a[]={1,2,3,4,5,6,7,8,9,10,11,12,},*p=a+5,*q=NULL;
    *q=*(p+5);
    printf("%d%d\n",*p,*q);
}
```

程序运行后的输出结果是(   )。

    A. 运行后报错   B. 66   C. 611   D. 510

31. 有以下定义和语句

```
int a[3][2]={1,2,3,4,5,6},*p[3];
```

```
    p[0]=a[1];
```
则 *(p[0]+1)所代表的数组元素是(   )。

    A. a[0][1]   B. a[1][0]   C. a[1][1]   D. a[1][2]

32. 有以下程序

```
main()
{
    char str[][10]={"China","Beijing"},*p=str;
    printf("%s\n",p+10);
}
```

程序运行后的输出结果是(   )。

    A. China   B. Bejing   C. ng   D. ing

33. 有以下程序

```
main()
{
    unsigned int a;
    int b=-1;
    a=b;
    printf("%u",a);
}
```

程序运行后的输出结果是(   )。

    A. -1   B. 65535   C. 32767   D. -32768

34. 有以下程序

```
void fun(int *a,int i,int j)
{
    int t;
    if(i<j)
    {
        t=a[i];a[i]=a[j];a[j]=t;
        i++;j--;
        fun(a,i,j);
    }
}
main()
{
    int x[]={2,6,1,8},i;
    fun(x,0,3);
    for(i=0;i<4;i++)
        printf("%d",x[i]);
    printf("\n");
}
```

程序运行后的输出结果是(   )。

    A. 1268   B. 8621   C. 8162   D. 8612

35. 有以下说明和定义语句

```
struct student
{
    int age;char num[8];
};
struct student stu[3]={{20,"200401"},{21,"200402"},{22,"200403"}};
struct student *p=stu;
```

以下选项中引用结构体变量成员的表达式错误的是(　　)。

A. `(p++)->num`　　　　　　　　B. `p->num`

C. `(*p).num`　　　　　　　　D. `stu[3].age`

36. 有以下程序

```
main()
{
    int x[]={1,3,5,7,2,4,6,0},i,j,k;
    for(i=0;i<3;i++)
        for(j=2;j>=i;j-- )
            if(x[j+1]>x[j])    {k=x[j];x[j]=x[j+1];x[j+1]=k;}
    for(i=0;i<3;i++)
        for(j=4;j<7- i;j++)
            if(x[j+1]<x[j])    {k=x[j];x[j]=x[j+1];x[j+1]=k;}
    for(i=0;i<8;i++)    printf("%d",x[i]);
    printf("\n");
}
```

程序运行后的输出结果是(　　)。

A. 75310246　　　B. 01234567　　　C. 76310462　　　D. 13570246

37. 有如下程序

```
#include <stdio.h>
main()
{
    FILE *fp1;
    fp1=fopen("f1.txt","w");
    fprintf(fp1,"abc");
    fclose(fp1);
}
```

若文本文件 f1.txt 中原有内容为:good,则运行以上程序后文件 f1.txt 中的内容为(　　)。

A. goodabc　　　B. abcd　　　C. abc　　　　D. abcgood

38~40.以下程序的功能是:建立一个带有头结点的单向链表,并将存储在数组中的字符依次转储到链表的各个结点中,请从与程序中所标号码对应的一组选项中选择出正确的选项。

```
#include <stdio.h>
struct node
{
    char data;struct node *next;
```

```
    };
    (38) CreatList(char *s)
    {
        struct node *h,*p,*q;
        h=(struct node* )malloc(sizeof(struct node));
        p=q=h;
        while(*s!='\0')
        {
            p=(struct node* )malloc(sizeof(struct node));
            p->data=(39);
            q->next=p;
            q=(40);
            s++;
        }
        p->next='\0';
        return h;
    }
    main( )
    {
        char str[]="linklist";
        struct node *head;
        head=CreatList(str);
        ⋮
    }
```

(38) A. char * B. struct node C. struct node * D. char

(39) A. *s B. s C. *s++ D. (*s)++

(40) A. p->next B. p C. s D. s->next

(二) 程序填空题(18 分)

给定程序中,函数 fun 的功能是:将形参 n 所指变量中各位上为偶数的数去除,剩余的数按原来从高位到低位的顺序组成一个新的数,并通过形参指针 n 传回所指变量。

例如,输入一个数:27638496,新的数为:739。

请在程序的下划线处填入正确的内容并把下划线删除,使程序得出正确的结果。

注意:源程序存放在考生文件夹下的 BLANK1. C 中。不得增行或删行,也不得更改程序的结构!

给定源程序:

```
#include  <stdio.h>
void fun(unsigned long *n)
{
    unsigned long x=0,i;int t;
    i=1;
    while(*n)
```

```
/* * * * * * * found * * * * * * */
{
    t=*n % _1_ ;
    /* * * * * * * found * * * * * * */
    if(t%2!= _2_ )
    {
        x=x+t * i;
        i=i * 10;
    }
    *n=*n /10;
}
/* * * * * * * found * * * * * * */
*n= _3_ ;
}
main()
{
    unsigned long n=-1;
    while(n>99999999||n<0)
    {
        printf("Please input(0<n<100000000): ");
        scanf("%ld",&n);
    }
    fun(&n);
    printf("\nThe result is: %ld\n",n);
}
```

（三）程序改错题（18 分）

给定程序 MODI1.C 中函数 fun 的功能是:求 S 的值。

设 $S=\dfrac{1^2}{1\cdot 3}\times\dfrac{4^2}{3\cdot 5}\times\dfrac{6^2}{5\cdot 7}\times\cdots\times\dfrac{(2k)^2}{(2k-1)\cdot(2k+1)}$

请改正函数 fun 中的错误,使程序能输出正确的结果。

注意:不要改动 main 函数,不得增行或删行,也不得更改程序的结构。

```
#include  <conio.h>
#include  <stdio.h>
#include  <math.h>
/* * * * * * * found * * * * * * */
fun(int k)
{
    int n;float s,w,p,q;
    n=1;
    s=1.0;
    while(n<=k)
    {
```

```
        w=2.0*n;
        p=w-1.0;
        q=w+1.0;
        s=s*w*w/p/q;
        n++;
    }
    /* * * * * * * found * * * * * * */
    return s
}


main()
{
    clrscr();
    printf("%f\n",fun(10));
}
```

(四) 程序设计题(24 分)

编写函数 fun,它的功能是:计算并输出下列级数和:

$$S=\frac{1}{1\times 2}+\frac{1}{2\times 3}+\cdots+\frac{1}{n(n+1)}$$

例如,当 n=10 时,函数值为:0.909091。

注意:部分源程序存在文件 PROG1.C 文件中。

请勿改动主函数 main 和其他函数中的任何内容,仅在函数 fun 的花括号中填入你编写的若干语句。

```
#include  <conio.h>
#include  <stdio.h>
double fun(int n)
{



}
main()                                                    /* 主函数 */
{
    clrscr();
    printf("%f\n",fun(10));
    NONO();
}
NONO()
{                       /* 本函数用于打开文件,输入数据,调用函数,输出数据,关闭文件。 */
    FILE *fp,*wf;
    int i,n;
    double s;
    fp=fopen("bc07.in","r");
```

```
    if(fp==NULL)
    {
        printf("数据文件 bc07.in 不存在!");
        return;
    }
    wf=fopen("bc07.out","w");
    for(i=0;i<10;i++)
    {
        fscanf(fp,"%d",&n);
        s=fun(n);
        fprintf(wf,"%f\n",s);
    }
    fclose(fp);
    fclose(wf);
}
```

试卷 1 参考答案

(一) 选择题

1. C　2. B　3. A　4. D　5. C　6. B　7. A　8. B　9. A　10. C
11. C　12. D　13. D　14. A　15. C　16. B　17. C　18. C　19. A　20. D
21. D　22. B　23. A　24. C　25. A　26. D　27. C　28. D　29. D　30. A
31. C　32. B　33. B　34. C　35. D　36. A　37. C　38. C　39. A　40. B

(二) 程序填空题

第 1 处:10。t 是通过取模的方式来得到 * n 的个位数字。

第 2 处:0。判断是否是奇数。

第 3 处:x。最后通过形参 n 来返回新数 x。

(三) 程序改错题

1. 将 fun(int k) 改为 float fun(int k)

2. 将 return s 改为 return s;

(四) 程序设计题

```
#include  <conio.h>
#include  <stdio.h>
double fun(int n)
{
    double s=0.0;
    int i;
    for(i=1;i<=n;i++)
        s=s+1.0/(i * (i+1));
    return s;
}
```

```
main()                                                    /* 主函数 */
{
    clrscr();
    printf("%f\n",fun(10));
    NONO();
}
NONO()
{                        /* 本函数用于打开文件,输入数据,调用函数,输出数据,关闭文件。 */
    FILE *fp,*wf;
    int i,n;
    double s;
    fp=fopen("bc07.in","r");
    if(fp==NULL)
    {
        printf("数据文件 bc07.in 不存在!");
        return;
    }
    wf=fopen("bc07.out","w");
    for(i=0;i<10;i++)
    {
        fscanf(fp,"%d",&n);
        s=fun(n);
        fprintf(wf,"%f\n",s);
    }
    fclose(fp);
    fclose(wf);
}
```

试 卷 2

请考生注意:

1. 本试卷含公共基础知识试题(10 分)和 C 语言程序设计试题(90 分)。

2. 上机考试,考试时间 120 分钟,试卷满分 100 分。

(一)选择题(每题 1 分,共 40 分)

下列各题 A、B、C、D 四个选项中,只有一个选项是正确的。

1. 应用软件是指(　　)。

    A. 所有能够使用的软件

    B. 能被各应用单位共同使用的某种软件

    C. 所有微机上都应使用的基本软件

    D. 专门为某一应用目的而编制的软件

2. 下列各无符号十进制数中,能用于表示八进制数的是(　　)。

A. 296   B. 383   C. 256   D. 199

3. 计算机的软件系统可分类为(   )。

    A. 程序与数据　　　　　　　　　B. 系统软件与应用软件

    C. 操作系统与语言处理程序　　　D. 程序数据与文档

4. 算法的时间复杂度是指(   )。

    A. 算法的执行时间

    B. 算法所处理的数据量

    C. 算法程序中的语句或指令条数

    D. 算法在执行过程中所需要的基本运算次数

5. 数据流程图(DFD)是(   )。

    A. 软件概要设计的工具

    B. 软件详细设计的工具

    C. 结构化方法的需求分析工具

    D. 面向对象方法的需求分析工具

6. 软件生命周期可以分为定义阶段,开发阶段和维护阶段,详细设计属于(   )。

    A. 定义阶段　　　　B. 开发阶段

    C. 维护阶段　　　　D. 上述三个阶段

7. 数据库管理系统中负责数据模式定义的语言是(   )。

    A. 数据定义语言　　　　　　　　B. 数据管理语言

    C. 数据操纵语言　　　　　　　　D. 数据控制语言

8. 在学生管理的关系数据库中,存取一个学生信息的数据单位是(   )。

    A. 文件　　　　　　B. 数据库　　　　　C. 字段　　　　　D. 记录

9. 数据库设计中,用 E—R 图来描述信息结构但不涉及信息在计算机中的表示,它属于数据库设计的(   )。

    A. 需求分析阶段　　　　　　　　B. 逻辑设计阶段

    C. 概念设计阶段　　　　　　　　D. 物理设计阶段

10. 有两个关系 R 和 T 如下:

R		
A	B	C
a	1	2
b	2	2
c	3	2
d	3	2

T		
A	B	C
c	3	2
d	3	2

则由关系 R 得到关系 T 的操作是(   )。

    A. 选择　　　　　　B. 投影　　　　　　C. 交　　　　　　D. 并

11. 以下 C 语言标示符中,不合法的是(   )。

    A. _1　　　　　　B. AaBc　　　　　C. a_b　　　　　D. a—b

12. 若有定义:double a=22;int i=0,k=18;则不符合 C 语言规定的赋值表达式是(   )。

  A. `a=a++,i++`   B. `i=(a+k)<=(i+k)`

  C. `i=a%1`   D. `i=!a`

13. 以下关于 return 语句的叙述中正确的是(   )。

  A. 一个自定义函数中必须有一条 return 语句

  B. 一个自定义函数中可以根据不同情况设置多条 return 语句

  C. 定义成 void 类型的函数中可以有带返回值的 return 语句

  D. 没有 return 语句的自定义函数在执行结束时不能返回到调用处

14. C 语言提供的合法的数据类型关键字是(   )。

  A. Double B. short   C. integer D. Char

15. 在 C 语言中,合法的长整型常数是(   )。

  A. 0L   B. 4962710 C. 0.054838743 D. 2.1869e10

16. 表达式:10!＝9 的值是(   )。

  A. true   B. 非零值 C. 0   D. 1

17. 合法的 C 语言中,合法的字符型常数是(   )。

  A. `'\t'`   B. `"A"`   C. 65   D. A

18. 若有说明和语句:

```
int a=5;
a++;
```

此处表达式 a++的值是(   )。

  A. 7   B. 6   C. 5   D. 4

19. 若有说明:`int i,j=7,*p=&i;`则与 i= j;等价的语句是(   )。

  A. `i= *p;` B. `*p=*&j;` C. `i=&j;`   D. `i=**p;`

20. 不能把字符串"Hello! "赋给数组 b 的语句是(   )。

  A. `char b[10]={'H','e','l','l','o','! '};`

  B. `char b[10];b="Hello!";`

  C. `char b[10];strcpy(b,"Hello!");`

  D. `char b[10]="Hello!";`

21. 若有以下说明:

```
int a[12]={1,2,3,4,5,6,7,8,9,10,11,12};
char c='a',d,g;
```

则数值为 4 的表达式是(   )。

  A. `a[g-c]` B. `a[4]`   C. `a['d'-'c']`   D. `a['d'-c]`

22. 若有以下说明:

```
int a[10]={1,2,3,4,5,6,7,8,9,10},*p=a;
```

则数值为 6 的表达式是(   )。

  A. `*p+6` B. `*(p+5)` C. `*p+=5` D. `p+5`

23. 若有以下说明:

```
int w[3][4]={{0,1},{2,4},{5,8}};
```

```
in t(*p)[4]=w;
```

则数值为 4 的表达式是(　　　)。

    A. *w[1]+1　　　　B. p++,*(p+1)　　　C. w[2][2]　　　　D. p[1][1]

24. 若程序中有下面的说明和定义

```
struct abc
{
    int x;
    char y;
}
struct abc s1,s2;
```

则会发生的情况是(　　　)。

    A. 编译出错

    B. 程序将顺利编译、连接、执行

    C. 能顺利通过编译、连接、但不能执行

    D. 能顺利通过编译、但连接出错

25. 能正确表示 a≥10 或 a≤0 的关系表达式是(　　　)。

    A. a>=10 or a<=0　　　　　　　　B. a>=10 | a<=0

    C. a>=10 || a<=0　　　　　　　　D. a>=10 || a=<0

26. 设有如下定义:char *aa[2]={ "abcd","ABCD"};则以下说法中正确的是(　　　)。

    A. aa 数组组成元素的值分别是"abcd"和"ABCD"

    B. aa 是指针变量,它指向含有两个数组元素的字符型一维数组

    C. aa 数组的两个元素分别存放的是含有 4 个字符的一维字符数组的首地址

    D. aa 数组的两个元素中各自存放了字符"a"和"A"的地址

27. 根据下面的定义,能打印出字母 m 的语句是(　　　)。

```
struct person
{
    char name[9];
    int age;
}
struct person class[10]={"john",17,"paul",19,"mary",18,"adam",16};
```

    A. printf("%c\n",class[3].name);

    B. printf("%c\n",class[3].name[1]);

    C. printf("%c\n",class[2].name[1]);

    D. printf("%c\n",class[2].name[0]);

28. 有以下定义

```
int a[4][3]={1,2,3,4,5,6,7,8,9,10,11,12};
int (*ptr)[3]=a,*p=a[0];
```

则下列能够正确表示数组元素 a[1][2]的表达式是(　　　)。

    A. *((*ptr+1)+2)　　　B. *(*(p+5))　　　C. (*ptr+1)+2　　　　D. *(*(a+1)+2)

29. 请阅读以下程序:

```
#include <stdio.h>
f(char *s)
{
    char *p=s;
    while(*p!='\0')  p++;
    return(p-s);
}
main()
{
    printf("%d\n",f("ABCDEF"));
}
```

上面程序输出的结果是(　　)。

　　A. 3　　　　　　B. 6　　　　　　C. 8　　　　　　D. 0

30. 下面程序段的输出结果是(　　)。

```
#include <stdio.h>
void fun(int *x)
{
    printf("%d",++*x);
}
void main()
{
    int y=15;
    fun(&y);
}
```

　　A. 15　　　　　　B. 16　　　　　　C. 17　　　　　　D. 18

31. 下面程序输出数组中的最大值,由s指针指向该元素。

```
main()
{
    int a[10]={6,7,2,9,1,10,5,8,4,3},*p,*s;
    for(p=a,s=a;p- a<10;p++)
        if(- - - ? - - - ) s=p;
    printf("Themax:%d",* s);
}
```

则在if语句中的判断表达式应该是(　　)。

　　A. p>s　　　　　　B. *p>*s　　　　　　C. a[p]>a[s]　　　　D. p-a>p-s

32. 以下程序运行后,输出结果是(　　)。

```
main()
{
    char ch[2][5]={"693","825"},*p[2];
    int i,j,s=0;
    for(i=0;i<2;i++)
        p[i]=ch[i];
```

```
        for(i=0;i<2;i++)
            for(j=0;p[i][j]>='0'&&p[i][j]<='9';j++)
                s=10*s+p[i][j]-'0';
        printf("%d\n",s);
    }
```

  A. 6385   B. 22   C. 33   D. 693825

33. 以下程序运行后,输出结果是(　　)。

```
    fut(int **s,int p[2][3])
    {
        **s=p[1][1];
    }
    main()
    {
        int a[2][3]={1,3,5,7,9,11},*p;
        p=(int *)malloc(sizeof(int));
        fut(&p,a);
        printf("%d\n",*p);
    }
```

  A. 1   B. 7   C. 9   D. 11

34. 设有如下定义:

```
int a=1,b=2,c=3,d=4,m=2,n=2;
```

则执行表达式:(m=a>b)&&(n=c>d)后,n 的值为(　　)。

  A. 1   B. 2   C. 3   D. 0

35. 以下程序运行后,输出结果是(　　)。

```
    int d=1;
    fun(int p)
    {
        int d=5;  d+=p++;
        printf("%d",d);
    }
    main()
    {
        int a=3;
        fun(a);
        d+=a++;
        printf("%d\n",d);
    }
```

  A. 84   B. 99   C. 95   D. 44

36. 以下程序的输出结果是(　　)。

```
    main()
    {
        int i,j,x=0;
```

```
for(i=0;i<2;i++)
{
    x++;
    for(j=0;j<3;j++)
    {
        if(j%2) continue;
        x++;
    }
    x++;
}
printf("x=%d\n",x);
}
```

 A. x=4   B. x=8   C. x=6   D. x=12

37. 下列程序执行后输出的结果是( )。

```
int d=1;
fun(int p)
{
    int d=5;
    d+=++p;
    printf("%d",d);
}
main()
{
    int a=3;
    fun(a);
    d+=++a;
    printf("%d\n",d);
}
```

 A. 95   B. 96   C. 94   D. 85

38. 下列程序的输出结果是( )。

```
main()
{
    char ch[2][5]={"6934","8254"},*p[2];
    int i,j,s=0;
    for(i=0;i<2;i++)
        p[i]=ch[i];
    for(i=0;i<2;i++)
        for(j=0;p[i][j]>'\0'&&p[i][j]<='9';j+=2)
            s=10*s+p[i][j]-'0';
    printf("%d\n",s);
}
```

 A. 6385   B. 69825   C. 63825   D. 693825

39. 以下程序的输出结果是( )。

```
main()
{
    int a[2][3]={1,3,5,7,9,11},*p;
    p=&a[0][1];
    printf("%d\n",*(p+3));
}
```

 A. 1   B. 7   C. 9   D. 11

40. 以下程序运行后,输出结果是( )。

```
main()
{
    int y=18,i=0,j,a[8];
    do
    {   a[i]=y%2;i++;
        y=y/2;
    }while(y>=1);
    for(j=i-1;j>0;j--)
        printf("%d",a[j]);
    printf("\n");
}
```

 A. 1000   B. 1001   C. 0011   D. 1010

(二) 程序填空题(18 分)

给定程序中,函数 fun 的功能是将形参给定的字符串、整数、浮点数写到文本文件中,再用字符方式从此文本文件中逐个读入并显示在终端屏幕上。

请在程序的下划线处填入正确的内容并把下划线删除,使程序得出正确的结果。

注意:源程序存放在考生文件夹下的 BLANK1.C 中。

不得增行或删行,也不得更改程序的结构!

给定源程序:

```
#include  <stdio.h>
void fun(chars,int a,double f)
{
    /* * * * * * * found * * * * * * */
     1  fp;
    char ch;
    fp=fopen("file1.txt","w");
    fprintf(fp,"%s %d %f\n",s,a,f);
    fclose(fp);
    fp=fopen("file1.txt","r");
    printf("\nThe result :\n\n");
    ch=fgetc(fp);
    /* * * * * * * found * * * * * * */
```

```
    while (!feof(__2__))
    {
        /* * * * * * * found * * * * * * */
        putchar(__3__);
        ch=fgetc(fp);
    }
    putchar('\n');
    fclose(fp);
}
main()
{
    char a[10]="Hello!";int b=12345;
    double c=98.76;
    fun(a,b,c);
}
```

(三) 程序改错题(18 分)

给定程序 MODI1. C 中的函数 fun 的功能是:计算

$S=f(-n)+f(-n+1)+\cdots+f(0)+f(1)+f(2)+\cdots+f(n)$ 的值。例如,当 n 为 5 时,
函数值应为:10.407143。

$$f(x)=\begin{cases}(x+1)/(x-2) & x>0 \\ 0 & x=0 \text{ 或 } x=2 \\ (x-1)/(x-2) & x<0\end{cases}$$

请改正函数 f 和 fun 中的错误,使程序能输出正确的结果。

注意:不要改动 main 函数,不得增行或删行,也不得更改程序的结构。

```
#include  <conio.h>
#include  <stdio.h>
#include  <math.h>
/* * * * * * * found * * * * * * */
f(double x)
{
    if(x==0.0||x==2.0)
        return 0.0;
    else if(x<0.0)
            return (x-1)/(x-2);
        else
            return (x+1)/(x-2);
}
double fun(int n)
{
    int i;double s=0.0,y;
    for(i=-n;i<=n;i++)
    {
```

```
        y=f(1.0 * i);s+=y;
    }
/* * * * * * found * * * * * * */
    return s
}
main( )
{
    clrscr( );
    printf("%f\n",fun(5));
}
```

(四)程序设计题(24 分)

编写函数 fun,它的功能是:根据以下公式求 P 的值,结果由函数值带回。m 与 n 为两个正整数且要求 m>n。

$$P=\frac{m!}{n!(m-n)!}$$

例如,m=12,n=8 时,运行结果为 495.000000。

注意:部分源程序存在文件 PROG1.C 文件中。

请勿改动主函数 main 和其他函数中的任何内容,仅在函数 fun 的花括号中填入你编写的若干语句。

```
#include  <stdio.h>
#include  <dos.h>

float fun(int m,int n)
{



}

main( )                                                    /* 主函数 */
{
    clrscr( );
    printf("P=%f\n",fun(12,8));
    NONO( );
}

NONO( )
{                    /* 本函数用于打开文件,输入数据,调用函数,输出数据,关闭文件。 */
    FILE *fp,*wf;
    Int i,m,n;
    float s;
    fp=fopen("bc03.in","r");
    if(fp==NULL)
```

```
    {
        printf("数据文件 bc03.in 不存在!");
        return;
    }
    wf=fopen("bc03.out","w");
    for(i=0;i<10;i++)
    {
        fscanf(fp,"%d,%d",&m,&n);
        s=fun(m,n);
        fprintf(wf,"%f\n",s);
    }
    fclose(fp);
    fclose(wf);
}
```

试卷 2 参考答案

(一)选择题

1. D　2. C　3. B　4. D　5. C　6. B　7. A　8. D　9. C　10. A
11. D　12. C　13. B　14. B　15. A　16. D　17. A　18. B　19. B　20. B
21. D　22. B　23. D　24. A　25. C　26. D　27. D　28. D　29. B　30. B
31. B　32. D　33. C　34. D　35. A　36. B　37. A　38. A　39. C　40. B

(二)程序填空题

第 1 处:定义文本文件类型指针变量,所以应填:FILE *。

第 2 处:判断文件是否结束,所以应填:fp。

第 3 处:显示读出的字符,所以应填:ch。

(三)程序改错题

1. 将 f(double x) 改为 float f(double x)

2. 将 return s 改为 return s;即加一个分号。

(四)程序设计题

```
#include  <stdio.h>
#include  <dos.h>
long jc(int x)                          /* 在原程序基础上,新增一个求阶乘的函数 jc */
{
    long s=1;
    int i;
    for(i=1;i<=x;i++)
        s=s * i;
    return s;
}
float fun(int m,int n)
```

```
{
    float p;
    p=1.0 * jc(m)/(jc(n) * jc(m-n));
    return p;
}
main( )                                              /* 主函数 */
{
    clrscr( );
    printf("P=%f\n",fun(12,8));
    NONO( );
}
NONO( )
{                       /* 本函数用于打开文件,输入数据,调用函数,输出数据,关闭文件。 */
    FILE *fp,*wf;
    int i,m,n;
    float s;
    fp=fopen("bc03.in","r");
    if(fp==NULL)
    {
        printf("数据文件 bc03.in 不存在!");
        return;
    }
    wf=fopen("bc03.out","w");
    for(i=0;i<10;i++)
    {
        fscanf(fp,"%d,%d",&m,&n);
        s=fun(m,n);
        fprintf(wf,"%f\n",s);
    }
    fclose(fp);
    fclose(wf);
}
```

试 卷 3

请考生注意:

1. 本试卷含公共基础知识试题(10 分)和 C 语言程序设计试题(90 分)。

2. 上机考试,考试时间 120 分钟,试卷满分 100 分。

(一) 选择题(每题 1 分,共 40 分)

下列各题 A、B、C、D 四个选项中,只有一个选项是正确的。

1. 在 32 位计算机中,一个字长所占的字节数为(　　)。

    A. 1　　　　　　B. 2　　　　　　C. 4　　　　　　D. 8

2. 与十进制 511 等值的十六进制数为(　　)。

    A. 1FF　　　　　B. 2FF　　　　　C. 1FE　　　　　D. 2FE

3. 能将高级语言编写的源程序转换成目标程序的是(　　)。

    A. 编辑程序　　　B. 编译程序　　　C. 解释程序　　　D. 链接程序

4. 在计算机系统中,存储一个汉字的国标码所需要的字节数为(　　)。

    A. 1　　　　　　B. 2　　　　　　C. 3　　　　　　D. 4

5. 下列带有通配符的文件名,能表示文件 ABC.TXT 的是(　　)。

    A. *BC.?　　　　B. A?.*　　　　　C. ?BC.*　　　　　D. ?.?

6. 在多媒体计算机系统中,不能用以存储多媒体信息的是(　　)。

    A. 光缆　　　　　B. 软盘　　　　　C. 硬盘　　　　　D. 光盘

7. 下列叙述中,正确的是(　　)。

    A. 对长度为 n 的有序链表进行查找,最坏情况下需要的比较次数为 n

    B. 对长度为 n 的有序链表进行查找,最坏情况下需要的比较次数为(n/2)

    C. 对长度为 n 的有序链表进行查找,最坏情况下需要的比较次数为($\log_2 n$)

    D. 对长度为 n 的有序链表进行查找,最坏情况下需要的比较次数为(n $\log_2 n$)

8. 在 Windows 环境下,若要将当前活动窗口存入剪贴板,则可以按(　　)。

    A. Ctrl+PrintScreen 键　　　　　　B. Shift+PrintScreen 键

    C. PrintScreen 键　　　　　　　　　D. Alt+PrintScreen 键

9. 在 Windows 环境下,单击当前应用程序窗口的"关闭"按钮,其功能是(　　)。

    A. 将当前应用程序转为后台运行

    B. 退出 Windows 后再关机

    C. 退出 Windows 后重新启动计算机

    D. 终止当前应用程序的运行

10. 在 Windows 环境下,粘贴快捷键是(　　)。

    A. Ctrl+Z　　　B. Ctrl+X　　　C. Ctrl+C　　　D. Ctrl+V

11. 以下叙述中正确的是(　　)。

    A. 构成 C 程序的基本单位是函数

    B. 可以在一个函数中定义另一个函数

    C. main()函数必须放在其他函数之前

    D. 所有被调用的函数一定要在调用之前进行定义

12. 以下选项中合法的用户标识符是(　　)。

    A. long　　　　　B. _2Test　　　　C. 3Dmax　　　　D. A.dat

13. 已知大写字母 A 的 ASCII 码是 65,小写字母 a 的 ASCII 码是 97,则用八进制表示的字符常量'\101'是(　　)。

    A. 字符 A　　　　B. 字符 a　　　　C. 字符 e　　　　D. 非法的常量

14. 已知 i、j、k 为 int 型变量,若从键盘输入:1,2,3<回车>,使 i 的值为 1、j 的值为 2、k 的值为 3,以下选项中正确的输入语句是(　　)。

    A. scanf("%2d%2d%2d",&i,&j,&k);

  B. `scanf("%d%d%d",&i,&j,&k);`

  C. `scanf("%d,%d,%d",&i,&j,&k);`

  D. `scanf("i=%d,j=%d,k=%d",&i,&j,&k);`

15.若有以下程序：

```
main()
{
    int k=2,i=2,m;
    m=(k+=i*=k);printf(%d,%d\n,m,i);
}
```

执行后的输出结果是（ ）。

  A. 8,6   B. 8,3   C. 6,4   D. 7,4

16. 已有定义：`int x=3,y=4,z=5;`,则表达式`!(x+y)+z-1&&y+z/2`的值是（ ）。

  A. 6   B. 0   C. 2   D. 1

17. 有一函数

$$y=\begin{cases} 1 & x>0 \\ 0 & x=0 \\ -1 & x<0 \end{cases}$$

以下程序段中不能根据 x 的值正确计算出 y 的值的是（ ）。

  A. `if(x>0) y=1;else if(x==0) y=0;else y=-1;`

  B. `y=0;if(x>0) y=1;else if(x< 0) y=-1;`

  C. `y=0;if(x>=0) if(x>0) y=1;else y=-1;`

  D. `if(x>=0) if(x>0) y=1;else y=0;else y=-1;`

18. 以下选项中，与`k=n++`完全等价的表达式是（ ）。

  A. `k=n,n=n+1` B. `n=n+1,k=n` C. `k=++n`   D. `k+=n+1`

19. 以下程序的功能是：按顺序读入 10 名学生 4 门课程的成绩，计算出每位学生的平均分并输出，程序如下。

```
main()
{
    int n,k;
    float score,sum,ave;
    sum=0.0;
    for(n=1;n<=10;n++)
    {
        for(k=1;k<=4;k++)
        {
            scanf("%f",&score);
            sum+=score;
        }
        ave=sum/4.0;
        printf("NO%d:%f\n",n,ave);
    }
```

```
}
```

上述程序运行后结果不正确,调试中发现有一条语句出现在程序的位置不正确。这条语句是(   )。

A. sum=0.0;

B. sum+=score;

C. ave=sum/4.0;

D. printf("NO%d:%f\n",n,ave);

20. 有以下程序段

```
int n=0,p;
do
{   scanf("%d",&p);
    n++;
}
while(p!=12345&&n<3);
```

此处 do~while 循环的结束条件是(   )。

A. p 的值不等于 12345 并且 n 的值小于 3

B. p 的值等于 12345 并且 n 的值大于等于 3

C. p 的值不等于 12345 或者 n 的值小于 3

D. p 的值等于 12345 或者 n 的值大于等于 3

21. 有以下程序

```
main()
{
    int a=15,b=21,m=0;
    switch(a%3)
    {
        case 0:m++;break;
        case 1:m++;
            switch(b%2)
            {
                default:m++;
                case 0:m++;break;
            }
    }
    printf("%d\n",m);
}
```

程序运行后的输出结果是(   )。

A. 1   B. 2   C. 3   D. 4

22. 若有说明:int n=2,*p=&n,*q=p;,则以下非法的赋值语句是(   )。

A. p=q;   B. *p=*q;   C. n=*q;   D. p=n;

23. 有以下程序

```
float fun(int x,int y)
{
    return(x+y);
```

```
    }
    main()
    {
        int a=2,b=5,c=8;
        printf("%3.0f\n",fun((int)fun(a+c,b),a-c));
    }
```

程序运行后的输出结果是( )。

    A. 5   B. 9   C. 7   D. 10

24. 有以下程序

```
    void fun(char *c,int d)
    {
        *c=*c+1;d=d+1;
        printf("%c,%c",*c,d);
    }
    main()
    {
        char a='A',b='a';
        fun(&b,a);printf(",%c,%c\n",a,b);
    }
```

程序运行后的输出结果是( )。

    A. B,a,B,a   B. a,B,a,B   C. A,b,A,b   D. b,B,A,b

25. 以下程序中函数 sort 的功能是对 a 所指数组中的数据进行由大到小的排序

```
    void sort(int a[],int n)
    {
        int i,j,t;
        for(i=0;i<n-1;i++)
            for(j=i+1;j<n;j++)
                if(a[i]<a[j]) {t=a[i];a[i]=a[j];a[j]=t;}
    }
    main()
    {
        int aa[10]={1,2,3,4,5,6,7,8,9,10},i;
        sort(&aa[3],5);
        for(i=0;i<10;i++) printf("%d,",aa[i]);
        printf("\n");
    }
```

程序运行后的输出结果是( )。

    A. 1,2,3,4,5,6,7,8,9,10,   B. 10,9,8,7,6,5,4,3,2,1,

    C. 1,2,3,8,7,6,5,4,9,10,   D. 1,2,10,9,8,7,6,5,4,3,

26. 有以下程序

```
    int f(int n)
    {
```

```
    if(n==1)    return 1;
    else    return f(n- 1)+1;
}
main()
{
    int i,j=0;
    for(i=1;i<3;i++)
        j+=f(i);
    printf("%d\n",j);
}
```

程序运行后的输出结果是(   )。

   A. 4   B. 3   C. 2   D. 1

27. 有以下程序

```
main()
{
    char a[]={'a','b','c','d','e','f','g','h','\0'};int i,j;
    i=sizeof(a);j=strlen(a);
    printf("%d,%d\n",i,j);
}
```

程序运行后的输出结果是(   )。

   A. 9,9   B. 8,9   C. 1,8   D. 9,8

28. 以下程序中的函数 reverse 的功能是将 a 所指数组中的内容进行逆置。

```
void reverse(int a[],int n)
{
    int i,t;
    for(i=0;i<n/2;i++)
    {   t=a[i];a[i]=a[n-1-i];a[n-1-i]=t;}
}
main()
{
    int b[10]={1,2,3,4,5,6,7,8,9,10};int i,s=0;
    reverse(b,8);
    for(i=6;i<10;i++)
        s+=b[i];
    printf("%d\n",s);
}
```

程序运行后的输出结果是(   )。

   A. 22   B. 10   C. 34   D. 30

29. 有以下程序

```
main()
{
    int aa[4][4]={{1,2,3,4},{5,6,7,8},{3,9,10,2},{4,2,9,6}};
```

```
    int i,s=0;
    for(i=0;i<4;i++) s+=aa[i][1];
    printf("%d\n",s);
}
```

程序运行后的输出结果是(　　)。

A. 11　　　　　B. 19　　　　　C. 13　　　　　D. 20

30. 有以下程序

```
#include <string.h>
main()
{
    char *p="abcde\0fghjik\0";
    printf("%d\n",strlen(p));
}
```

程序运行后的输出结果是(　　)。

A. 12　　　　　B. 15　　　　　C. 6　　　　　D. 5

31. 程序中头文件 type1.h 的内容是：

```
#define N 5
#define M1  N * 3
```

程序如下：

```
#include type1.h
#define M2 N * 2
main()
{
    int i;
    i=M1+M2;printf("%d\n",i);
}
```

程序编译后运行的输出结果是(　　)。

A. 10　　　　　B. 20　　　　　C. 25　　　　　D. 30

32. 有以下程序

```
#include <stdio.h>
main()
{
    FILE  *fp;int i=20,j=30,k,n;
    fp=fopen("d1.dat","w");
    fprintf(fp,"%d\n",i);
    fprintf(fp,"%d\n",j);
    fclose(fp);
    fp=fopen("d1.dat","r");
    fscanf(fp,"%d%d",&k,&n);
    printf("%d%d\n",k,n);
    fclose(fp);
}
```

程序运行后的输出结果是(　　)。

　　A. 2030　　　　　B. 2050　　　　　C. 3050　　　　　D. 3020

33. 有以下程序

```
#include  <string.h>
main(int argc,char *argv[])
{
    int i,len=0;
    for(i=1;i<argc;i++)  len+=strlen(argv[i]);
    printf("%d\n",len);
}
```

程序编译连接后生成的可执行文件是 ex1.exe,若运行时输入带参数的命令行是:

ex1 abcd efg10<回车>

则运行的结果是(　　)。

　　A. 22　　　　　B. 17　　　　　C. 12　　　　　D. 9

34. 有以下程序

```
int fa(int x)
{return x * x;}
int fb(int x)
{return x * x * x;}
int f(int (*f1)(),int (*f2)(),int x)
{return f2(x)-f1(x);}
main()
{
    int i;
    i=f(fa,fb,2);printf("%d\n",i);
}
```

程序运行后的输出结果是(　　)。

　　A. —4　　　　　B. 1　　　　　C. 4　　　　　D. 8

35. 有以下程序

```
int a=3;
main()
{
    int s=0;
    { int a=5;s+=a++;}
    s+=a++;printf("%d\n",s);
}
```

程序运行后的输出结果是(　　)。

　　A. 8　　　　　B. 10　　　　　C. 7　　　　　D. 11

36. 有以下程序

```
void ss(char *s,char t)
{
```

```
    while(*s)
    {
        if(*s==t)
        *s=t- 'a'+'A';
            s++;
    }
}
main()
{
    char str1[100]="abcddfefdbd",c='d';
    ss(str1,c);printf("%s\n",str1);
}
```
程序运行后的输出结果是（　　）。

  A．ABCDDEFEDBD   B．abcDDfefDbD

  C．abcAAfefAbA   D．Abcddfefdbd

37．有以下程序
```
struct STU
{
    char num[10];
    float score[3];
}
main()
{
    struct STU s[3]={{ "20021",90,95,85},
                {"20022",95,80,75},
                {"20023",100,95,90}},*p=s;
    int i;
    float sum=0;
    for(i=0;i<3;i++)
        sum=sum+p->score[i];
    printf("%6.2f\n",sum);
}
```
程序运行后的输出结果是（　　）。

  A．260.00   B．270.00   C．280.00   D．285.00

38．设有如下定义：
```
struct sk
{
    int a;
    float b;
}data;
int *p;
```
若要使 p 指向 data 中的 a 域，正确的赋值语句是（　　）。

A. `p=&a;`　　　B. `p=data.a;`　　　C. `p=&data.a;`　　　D. `*p=data.a`

39. 有以下程序

```
#include  <stdlib.h>
struct NODE
{
    int num;
    struct NODE *next;
}
main()
{
    struct NODE *p,*q,*r;
    p=(struct NODE *)malloc(sizeof(structNODE));
    q=(struct NODE *)malloc(sizeof(structNODE));
    r=(struct NODE *)malloc(sizeof(structNODE));
    p->num=10;q->num=20;r->num=30;
    p->next=q;q->next=r;
    printf("%d\n",p->num+q->next->num);
}
```

程序运行后的输出结果是(　　)。

A. 10　　　　　B. 20　　　　　C. 30　　　　　D. 40

40. 以下程序中函数 f 的功能是将 n 个字符串,按由大到小的顺序进行排序。

```
#include  <string.h>
void f(char p[][10],int n)
{
    char t[20];
    int i,j;
    for(i=0;i<n-1;i++)
        for(j=i+1;j<n;j++)
            if(strcmp(p[i],p[j])<0)
            {
                strcpy(t,p[i]);
                strcpy(p[i],p[j]);
                strcpy(p[j],t);
            }
}
main()
{
    char p[][10]={ "abc","aabdfg","abbd","dcdbe","cd"};int i;
    f(p,5);
    printf("%d\n",strlen(p[0]));
}
```

程序运行后的输出结果是(　　)。

A. 6   B. 4   C. 5   D. 3

(二)程序填空题(18分)

给定程序中,函数 fun 的功能是将不带头结点的单向链表结点数据域中的数据从小到大排序。即若原链表结点数据域从头至尾的数据为:10、4、2、8、6,排序后链表结点数据域从头至尾的数据为:2、4、6、8、10。

请在程序的下划线处填入正确的内容并把下划线删除,使程序得出正确的结果。

注意:源程序存放在考生文件夹下的 BLANK1.C 中。

不得增行或删行,也不得更改程序的结构!

给定源程序:

```c
#include  <stdio.h>
#include  <stdlib.h>
#define N 6
typedef struct node {
    int data;
    struct node *next;
} NODE;
void fun(NODE *h)
{
    NODE *p,*q;int t;
    p=h;
    while (p)
    {
        /* * * * * * * found * * * * * * */
        q=__1__;
        /* * * * * * * found * * * * * * */
        while (__2__)
        {
            if (p->data>q->data)
            {
                t=p->data;p->data=q->data;q->data=t;
            }
            q=q->next;
        }
        /* * * * * * * found * * * * * * */
        p=__3__;
    }
}
NODE *creatlist(int a[])
{
    NODE *h,*p,*q;int i;
    h=NULL;
    for(i=0;i<N;i++)
```

```
    {
        q=(NODE *)malloc(sizeof(NODE));
        q->data=a[i];
        q->next=NULL;
        if (h==NULL)
            h=p=q;
        else
            {
                p->next=q;
                p=q;
            }
    }
    return h;
}
void outlist(NODE *h)
{
    NODE *p;
    p=h;
    if (p==NULL)
        printf("The list is NULL!\n");
    else
    {
        printf("\nHead ");
        do
        {
            printf("->%d",p->data);
            p=p->next;}
            while(p!=NULL)
                printf("->End\n");
    }
}
main()
{
    NODE *head;
    int a[N]={0,10,4,2,8,6 };
    head=creatlist(a);
    printf("\nThe original list:\n");
    outlist(head);
    fun(head);
    printf("\nThe list after inverting :\n");
    outlist(head);
}
```

（三）程序改错题（18 分）

给定程序 MODI1. C 中函数 fun 的功能是：给定 n 个实数，统计并输出其中在平均值以上（包括等于平均值）的实数个数。

例如，n=8 时，输入：193.199，195.673，195.757，196.051，196.092，196.596，196.579，196.763

所得平均值为 195.838745，在平均值以上的实数个数应为：5。

请改正函数 fun 中的错误，使程序能输出正确的结果。

注意：不要改动 main 函数，不得增行或删行，也不得更改程序的结构。

```
#include <stdio.h>
#include <dos.h>
int fun(float x[],int n)
/* * * * * * * found * * * * * * */
int j,c=0;float xa=0.0;
for(j=0;j<n;j++)
    xa+=x[j]/n;
printf("ave=%f\n",xa);
    for(j=0;j<n;j++)
/* * * * * * * found * * * * * * */
        if(x[j]=>xa)
            c++;
    return c;
}
main()
{
    float x[100]={193.199,195.673,195.757,196.051,196.092,196.596,196.579,196.763};
    clrscr();
    printf("%d\n",fun(x,8));
}
```

（四）程序设计题（24 分）

编写函数 fun，它的功能是计算：
$$S=[\ln(1)+\ln(2)+\ln(3)+\cdots+\ln(m)]^{0.5}$$

在 C 语言中可调用 log(n) 函数求 ln(n)。

log 函数的引用说明是：double log(double x);

例如，若 m=20，fun 函数值为 6.506583。

注意：部分源程序存在文件 PROG1. C 文件中。

请勿改动主函数 main 和其他函数中的任何内容，仅在函数 fun 的花括号中填入你编写的若干语句。

```
#include <conio.h>
#include <stdio.h>
```

```
#include  <math.h>
double fun(int m)
{

}
main()
{   clrscr();
    printf("%f\n",fun(20));
    NONO();
}
NONO()
{                      /* 本函数用于打开文件,输入数据,调用函数,输出数据,关闭文件。*/
    FILE *fp,*wf;
    int i,n;
    double s;
    fp=fopen("bc09.in","r");
    if(fp==NULL){
      printf("数据文件 bc09.in 不存在!");
      return;
    }
    wf=fopen("bc09.out","w");
    for(i=0;i<10;i++)
    {
        fscanf(fp,"%d",&n);
        s=fun(n);
        fprintf(wf,"%f\n",s);
    }
    fclose(fp);
    fclose(wf);
}
```

试卷 3 参考答案

(一)选择题

1. C 2. A 3. B 4. B 5. C 6. A 7. A 8. D 9. D 10. D
11. A 12. B 13. A 14. C 15. C 16. D 17. C 18. A 19. A 20. D
21. A 22. D 23. B 24. C 25. C 26. B 27. D 28. A 29. B 30. D
31. C 32. A 33. D 34. C 35. A 36. B 37. B 38. C 39. D 40. C

(二)程序填空题

第 1 处:由于外循环变量使用 p 指针,内循环变量使用 q 指针,根据题意分析应填写:
p. next。

第 2 处:判断内循环 q 指针是否结束,所以应填:q。

第3处:外循环控制变量 p 指向自己的 next 指针,所以应填:p.next。

(三) 程序改错题

1. 丢失了函数的起始括号。应将"`int j,c=0;float xa=0.0;`"改为"`{int j,c=0;float xa=0.0;`"

2. 将 `if(x[j]=>xa)` 改为 `if(x[j]>=xa)`。

(四) 程序设计题

```c
#include  <conio.h>
#include  <stdio.h>
#include  <math.h>
double fun(int m)
{
    double s=0.0;
    int i;
    for(i=0;i<=m;i++)
        s=s+log(1.0*i);
    s=sqrt(s);
    return s;
}


main()
{
    clrscr();
    printf("%f\n",fun(20));
    NONO();
}
NONO()
{                          /*本函数用于打开文件,输入数据,调用函数,输出数据,关闭文件。*/
    FILE *fp,*wf;
    int i,n;
    double s;
    fp=fopen("bc09.in","r");
    if(fp==NULL)
    {
        printf("数据文件 bc09.in 不存在!");
        return;
    }
    wf=fopen("bc09.out","w");
    for(i=0;i<10;i++)
    {
        fscanf(fp,"%d",&n);
        s=fun(n);
```

```
        fprintf(wf,"%f\n",s);
    }
    fclose(fp);
    fclose(wf);
}
```

试 卷 4

请考生注意：

1. 本试卷含公共基础知识试题(10 分)和 C 语言程序设计试题(90 分)。

2. 上机考试，考试时间 120 分钟，试卷满分 100 分。

(一) 选择题(每题 1 分，共 40 分)

下列各题 A、B、C、D 四个选项中，只有一个选项是正确的。

1. 在计算机中，一个字节所包含二进制位的个数是( )。

    A. 2   B. 4   C. 8   D. 16

2. 在多媒体计算机中，CD-ROM 属于( )。

    A. 存储媒体   B. 传输媒体

    C. 表现媒体   D. 表示媒体

3. 软件(程序)调试的任务是( )。

    A. 诊断和改正程序中的错误   B. 尽可能多地发现程序中的错误

    C. 发现并改正程序中的所有错误   D. 确定程序中错误的性质

4. 十六进制数 100 转换为十进制数为( )。

    A. 256   B. 512   C. 1024   D. 64

5. 能将高级语言编写的源程序转换为目标程序的软件是( )。

    A. 汇编程序   B. 编辑程序   C. 解释程序   D. 编译程序

6. 在 Internet 中，用于在计算机之间传输文件的协议是( )。

    A. TELNET   B. BBS   C. FTP   D. WWW

7. 在 Windows 环境下，资源管理器左窗口中的某文件夹左边标有"＋"标记表示( )。

    A. 该文件夹为空   B. 该文件夹中含有子文件夹

    C. 该文件夹中只包含有可执行文件   D. 该文件夹中包含系统文件

8. 在 Windows 环境下，下列叙述中正确的是( )。

    A. 在"开始"菜单中可以增加项目，也可以删除项目

    B. 在"开始"菜单中不能增加项目，也不能删除项目

    C. 在"开始"菜单中可以增加项目，但不能删除项目

    D. 在"开始"菜单中不能增加项目，但可以删除项目

9. 若有定义 int(*pt)[3];，则下列说法正确的是( )。

    A. 定义了基类型为 int 的三个指针变量

    B. 定义了基类型为 int 的具有三个元素的指针数组 pt。

  C. 定义了一个名为*pt、具有三个元素的整型数组

  D. 定义了一个名为 pt 的指针变量,它可以指向每行有三个整数元素的二维数组

10. 下列叙述中正确的是(　　)。

  A. 计算机病毒只感染可执行文件

  B. 计算机病毒只感染文本文件

  C. 计算机病毒只能通过软件复制的方式进行传播

  D. 计算机病毒可以通过读写磁盘或网络等方式进行传播

11. 以下叙述中正确的是(　　)。

  A. C 程序中注释部分可以出现在程序中任意合适的地方

  B. 花括号'{'和'}'只能作为函数体的定界符

  C. 构成 C 程序的基本单位是函数,所有函数名都可以由用户命名

  D. 分号是 C 语句之间的分隔符,不是语句的一部分

12. 以下选项中可作为 C 语言合法整数的是(　　)。

  A. 10110B   B. 0386   C. 0Xffa   D. x2a2

13. 以下不能定义为用户标识符的是(　　)。

  A. scanf   B. Void   C. _3com_   D. int

14. 有定义语句:int x,y;,若变量 x 得到数值 11,变量 y 得到数值 12,下面四组输入要通过 scanf("%d,%d",&x,&y);语句使变量 x 得到数形式中,错误的是(　　)。

  A. 11 12<回车>   B. 11,<tab> 12<回车>

  C. 11,12<回车>   D. 11,<回车> 12<回车>

15. 设有如下程序段:

```
int x=2002,y=2003;
printf("%d\n",(x,y));
```

则以下叙述中正确的是(　　)。

  A. 输出语句中格式说明符的个数少于输出项的个数,不能正确输出

  B. 运行时产生出错信息

  C. 输出值为 2002

  D. 输出值为 2003

16. 设变量 x 为 float 型且已赋值,并将第三位四舍五入,则以下语句中能将 x 中的数值保留到小数点后两位的是(　　)。

  A. x=x * 100+0.5/100.0;   B. x=(x * 100+0.5)/100.0;

  C. x=(int)(x * 100+0.5)/100.0; D. x=(x/100+0.5) * 100.0;

17. 有定义语句:int a=1,b=2,c=3,x;,则以下选项中各程序段执行后,x 的值不为 3 的是(　　)。

  A. if(c==3) x=3;   B. if(a<3) x=3;
    else if(b<2) x=2;   else if(a<2) x=2;
   else x=1;   else x=1;

  C. if(a>3) x=3;   D. if(a!=b) x=3;
   else if(b>2) x=2;   else if(b<a) x=2;

```
        else x=1;                                else x=1;
```

18. 有以下程序

```
main()
{
    int s=0,a=1,n;
    scanf("%d",&n);
    do
    {
        s+=1;a=a-2;
    }
    while(a!=n);
    printf("%d\n",s);
}
```

若要使程序的输出值为 2,则应该从键盘给 n 输入的值是(　　)。

    A. －1　　　　　B. －3　　　　　C. －5　　　　　D. 0

19. 若有如下程序段,其中 s、a、b、c 均已定义为整型变量,且 a、c 均已赋值(c 大于 0)

```
s=a;
for(b=1;b<=c;b++) s=s+1;
```

则与上述程序段功能等价的赋值语句是(　　)。

    A. s=a+b;　　　B. s=a+c;　　　C. s=s+c;　　　D. s=b+c;

20. 有以下程序

```
main()
{
    int k=4,n=0;
    for(;n<k;)
    {
        n++;
        if(n%3!=0) continue;
        k--;
    }
    printf("%d,%d\n",k,n);
}
```

程序运行后的输出结果是(　　)。

    A. 1,1　　　　　B. 2,2　　　　　C. 3,3　　　　　D. 4,4

21. 要求以下程序的功能是计算:$s=1+1/2+1/3+\cdots+1/10$。

```
main()
{
    int n;
    float s;
    s=1.0;
    for(n=10;n>1;n--)
        s=s+1/n;
```

```
        printf("%6.4f\n",s);
    }
```

程序运行后输出结果错误,导致错误结果的程序行是(　　　)。

A. `s=1.0;`

B. `for(n=10;n>1;n--)`

C. `s=s+1/n;`

D. `printf("%6.4f\n",s);`

22. 有以下函数定义:

`void fun(int n,double x){…}`

若以下选项中的变量都已正确定义并赋值,则对函数 fun 的正确调用语句是(　　　)。

A. `fun(int y,double m);`

B. `k=fun(10,12.5);`

C. `fun(x,n);`

D. `void fun(n,x);`

23. 有以下程序

```
void fun(char *a,char *b)
{a=b;(*a)++;}
main()
{
    char c1='A',c2='a',*p1,*p2;
    p1=&c1;p2=&c2;fun(p1,p2);
    printf("%c%c\n",c1,c2);
}
```

程序运行后的输出结果是(　　　)。

A. Ab
B. aa
C. Aa
D. Bb

24. 有以下程序

```
#include  <stdio.h>
main()
{
    printf("%d\n",NULL);
}
```

程序运行后的输出结果是(　　　)。

A. 0
B. 1
C. -1
D. NULL 没定义,出错

25. 已定义 c 为字符型变量,则下列语句中正确的是(　　　)。

A. `c='97';`
B. `c="97";`
C. `c=97;`
D. `c="a";`

26. 以下不能正确定义二维数组的选项是(　　　)。

A. `int a[2][2]={{1},{2}};`

B. `int a[][2]={1,2,3,4};`

C. `int a[2][2]={{1},2,3};`

D. `int a[2][]={{1,2},{3,4}};`

27. 以下能正确定义一维数组的选项是(　　　)。

A. `int num[];`

B. `#define N 100`
   `int num[N];`

C. `int num[0…100];`

D. `int n=100;`
   `int num[N];`

28. 下列选项中正确的语句组是(　　　)。

A. `char s[8];s={"Beijing"};`

B. `char *s;s={"Beijing"};`

C. char s[8];s="Beijing";   D. char *s;s="Beijing";

29. 已定义以下函数

```
fun(int *p)
{return *p;}
```

该函数的返回值是(   )。

    A. 不确定的值   B. 形参 p 中存放的值

    C. 形参 p 所指存储单元中的值   D. 形参 p 的地址值

30. 下列函数定义中,会出现编译错误的是(   )。

```
A. max(int x,int y,int *z)        B. int max(int x,y)
   {*z=x>y?x:y;}                      { int z;z=x>y?x:y;
                                          return z;
                                      }

C. max(int x,int y)               D. int max(int x,int y)
   {int z;{return(x>y?x:y);}}         {z=x>y?x:y;return(z);}
```

31. 有以下程序

```
#include  <stdio.h>
#define F(X,Y) (X) * (Y)
main()
{
    int a=3,b=4;
    printf("%d\n",F(a++,b++));
}
```

程序运行后的输出结果是(   )。

  A. 12   B. 15   C. 16   D. 20

32. 有以下程序

```
fun(int a,int b)
{
    if(a>b)  return(a);
    else  return(b);
}
main()
{
    int x=3,y=8,z=6,r;
    r=fun(fun(x,y),2 * z);
    printf("%d\n",r);
}
```

程序运行后的输出结果是(   )。

  A. 3   B. 6   C. 8   D. 12

33.若有定义:int *p[3];,则以下叙述中正确的是(   )。

    A. 定义了一个基类型为 int 的指针变量 p,该变量具有三个指针

    B. 定义了一个指针数组 p,该数组含有三个元素,每个元素都是基类型为 int 的

指针

C. 定义了一个名为*p 的整型数组,该数组含有三个 int 类型元素

D. 定义了一个可指向一维数组的指针变量 p,所指一维数组应具有三个 int 类型元素

34. 以下程序中函数 scmp 的功能是返回形参指针 s1 和 s2 所指字符串中较小字符串的首地址(　　)。

```
#include <stdio.h>
#include <string.h>
char *scmp(char *s1,char *s2)
{
    if(strcmp(s1,s2)<0)
        return(s1);
    else
        return(s2);
}
main()
{
    int i;char string[20],str[3][20];
    for(i=0;i<3;i++)
        gets(str[i]);
    strcpy(string,scmp(str[0],str[1]));   /* 库函数 strcpy 对字符串进行复制 */
    strcpy(string,scmp(string,str[2]));
    printf("%s\n",string);
}
```

若运行时依次输入:abcd✓、abba✓和 abc✓三个字符串,则输出结果为(　　)。

A. abcd　　　　　B. abba　　　　　C. abc　　　　　D. abca

35. 有以下程序

```
struct s
{
    int x,y;
}data[2]={10,100,20,200};
main()
{
    struct s *p=data;
    printf("%d\n",++(p->x));
}
```

程序运行后的输出结果是(　　)。

A. 10　　　　　B. 11　　　　　C. 20　　　　　D. 21

36. 有以下程序段

```
main()
{
    int a=5,*b,**c;
```

```
        c=&b;b=&a;
          ⋮
}
```

程序在执行了 c=&b;b=&a;语句后,表达式:**c 的值是(   )。

  A. 变量 a 的地址   B. 变量 b 中的值

  C. 变量 a 中的值   D. 变量 b 的地址

37. 有以下程序

```
#include  <stdio.h>
#include  <string.h>
main()
{
    char str[][20]={"Hello","Beijing"},*p=str;
    printf("%d\n",strlen(p+20));
}
```

程序运行后的输出结果是(   )。

  A. 0   B. 5   C. 7   D. 20

38. 已定义以下函数

```
fun(char *p2,char *p1)
{
    while((*p2=*p1)!='\0')
    {
        p1++;  p2++;
    }
}
```

函数的功能是(   )。

  A. 将 p1 所指字符串复制到 p2 所指内存空间

  B. 将 p1 所指字符串的地址赋给指针 p2

  C. 对 p1 和 p2 两个指针所指字符串进行比较

  D. 检查 p1 和 p2 两个指针所指字符串中是否有'\0'

39. 若 fp 已正确定义并指向某个文件,当未遇到该文件结束标志时函数 feof(fp)的值为(   )。

  A. 0   B. 1   C. −1   D. 一个非 0 值

40. 有以下程序

```
main()
{
    int a[3][3],*p,i;
    p=&a[0][0];
    for(i=0;i<9;i++)
        p[i]=i+1;
    printf("%d\n",a[1][2]);
}
```

程序运行后的输出结果是(   )。

    A. 3   B. 6   C. 9   D. 2

（二）程序填空题（18 分）

函数 fun 的功能是进行数字字符转换。若形参 ch 中是数字字符'0'～'9',则'0'转换成'9','1'转换成'8','2'转换成'7',…,'9'转换成'0';若是其他字符则保持不变;并将转换后的结果作为函数值返回。

请在程序的下划线处填入正确的内容并把下划线删除,使程序得出正确的结果。

注意:源程序存放在考生文件夹下的 BLANK1.C 中。

不得增行或删行,也不得更改程序的结构!

给定源程序:

```c
#include  <stdio.h>
/* * * * * * * found * * * * * * */
__1__ fun(char ch)
{
    /* * * * * * * found * * * * * * */
    if (ch>='0' && __2__ )
    /* * * * * * * found * * * * * * */
        return '9'-(ch- __3__ );
    return ch;
}
main()
{
    char c1,c2;
    printf("\nThe result :\n");
    c1='2';c2=fun(c1);
    printf("c1=%c c2=%c\n",c1,c2);
    c1='8';c2=fun(c1);
    printf("c1=%c c2=%c\n",c1,c2);
    c1='a';c2=fun(c1);
    printf("c1=%c c2=%c\n",c1,c2);
}
```

（三）程序改错题（18 分）

给定程序 MODI01.C 中,函数 fun 的功能是:在字符串 str 中找出 ASCII 码值最大的字符将其放在第一个位置上,并将该字符前的原字符向后顺序移动。

例如,调用 fun 函数之前给定字符串输入:ABCDeFGH。

调用后字符串中的内容为:eABCDFGH。

请改正函数 fun 中的错误,使程序能输出正确的结果。

注意:不要改动 main 函数,不得增行或删行,也不得更改程序的结构。

```c
#include  <stdio.h>
fun(char *p)
```

```
{
    char max,*q;int i=0;
    max=p[i];
    while(p[i]!=0)
    {
        if(max<p[i])
        {   max=p[i];
            /* * * * * * * found * * * * * * */
            p=q+i;
        }
        i++;
    }
    /* * * * * * * found * * * * * * */
    while(q<p)
    {*q=*(q-1);
        q--;
    }
    p[0]=max;
}
main()
{
    char str[80];
    printf("Enter a strimg: ");gets(str);
    printf("\nThe original string:");puts(str);
    fun(str);
    printf("\nThe string after moving:");puts(str);printf("\n\n");
}
```

(四)程序设计题(24 分)

程序定义了 N×N 的二维数组,并在主函数中自动赋值。编写函数 fun(int a[][N]),该函数的功能是:使数组右上半角元素中的值全部置成 0。例如,a 数组中的值为

$$a=\begin{bmatrix} 1 & 9 & 7 \\ 2 & 3 & 8 \\ 4 & 5 & 6 \end{bmatrix}, 则返回主程序后 a 数组中的值应为 a=\begin{bmatrix} 0 & 0 & 0 \\ 2 & 0 & 0 \\ 4 & 5 & 0 \end{bmatrix}。$$

注意:部分源程序存在文件 PROG1.C 文件中。

请勿改动主函数 main 和其他函数中的任何内容,仅在函数 fun 的花括号中填入你编写的若干语句。

```
#include <conio.h>
#include <stdio.h>
#include <stdlib.h>
#define N 5
int fun(int a[][N])
{
```

```
}
main()
{   int a[N][N],i,j;
    clrscr();
    printf("* * * * * * * The array* * * * * * * * * \n");
    for(i=0;i<N;i++)
    {
        for(j=0;j<N;j++)
        {
            a[i][j]=rand()%20;
            printf("%4d",a[i][j]);
        }
        printf("\n");
    }
    fun(a);
    printf("The result\n");
    for(i=0;i<n;i++)
    {
        for(j=0;j<N;j++)
            printf("%4d",a[i][j]);
        printf("\n");
    }
    NONO();
}
NONO()
{/* 本函数用于打开文件,输入数据,调用函数,输出数据,关闭文件。 */
    FILE *fp,*wf;
    int i,n;
    double s;
    fp=fopen("bc09.in","r");
    if(fp==NULL)
    {
        printf("数据文件 bc09.in 不存在!");
        return;
    }
    wf=fopen("bc09.out","w");
    for(i=0;i<10;i++)
    {
        fscanf(fp,"%d",&n);
        s=fun(n);
        fprintf(wf,"%f\n",s);
```

```
    }
    fclose(fp);
    fclose(wf);
}
```

试卷 4 参考答案

(一) 选择题

1. C 2. A 3. A 4. A 5. D 6. C 7. B 8. A 9. D 10. D
11. A 12. C 13. D 14. A 15. D 16. C 17. C 18. B 19. B 20. C
21. C 22. C 23. A 24. A 25. C 26. D 27. B 28. D 29. C 30. B
31. A 32. D 33. B 34. B 35. B 36. C 37. C 38. A 39. A 40. B

(二) 程序填空题

第 1 处:要求返回处理好的字符,所以应填:char。

第 2 处:判断该字符是否是数字,所以应填:ch<='9'。

第 3 处:只要减去'0'的 ASCII 值,即可得到要求的结果,所以应填:'0'。

(三) 程序改错题

1. 将 p=q+i;改为 q=p+i;

2. 将 while(q<p)改为 while(p<q)

(四) 程序设计题

```
#include  <conio.h>
#include  <stdio.h>
#include  <stdlib.h>
#define N 5
int fun(int a[][N])
{
    int i,j;
    for(i=0;i<N;i++)
        for(j=N-1;j>=i;j--)
            a[i][j]=0;
}

main()
{
    int a[N][N],i,j;
    clrscr();
    printf("* * * * * * * The array* * * * * * * * * \n");
    for(i=0;i<N;i++)
    {
        for(j=0;j<N;j++)
        {
```

```
            a[i][j]=rand()%20;printf("%4d",a[i][j]);
        }
        printf("\n");
    }
    fun(a);
    printf("The result\n");
    for(i=0;i<n;i++)
    {
        for(j=0;j<N;j++)  printf("%4d",a[i][j]);
        printf("\n");
    }
    NONO();
}
NONO()
{/* 本函数用于打开文件,输入数据,调用函数,输出数据,关闭文件。 */
    FILE *fp,*wf;
    int i,n;
    double s;
    fp=fopen("bc09.in","r");
    if(fp==NULL){
        printf("数据文件bc09.in不存在!");
        return;
    }
    wf=fopen("bc09.out","w");
    for(i=0;i<10;i++){
        fscanf(fp,"%d",&n);
        s=fun(n);
        fprintf(wf,"%f\n",s);
    }
    fclose(fp);
    fclose(wf);
}
```

附录 1 Visual C++ 6.0 常见编译错误

用 Visual C++ 6.0 编译 C 语言程序时,常见的编译错误如下:

1. Fatal error C1004: unexpected end of file found
   致命错误 C1004:非预期的文件结束。一般在 main()函数中,缺少与'{'配对的'}'时会出现此错误。

2. Fatal error C1083: Cannot open include file:'XXX.h':No such file or directory
   致命错误 C1083:不能打开包含文件'XXX.h',不存在此文件或目录。

3. error C2065:'XXX': undeclared identifier
   错误 C2065:'XXX'是未定义(或未声明)的标识符。

4. error C2018: unknown character '0xa3'
   错误 C2018:不认识的字符'0xa3'。一般是汉字或中文标点符号。

5. error C2051: case expression not constant
   错误 C2051:case 表达式不是常量。

6. error C2109: subscript requires array or pointer type
   错误 C2109:数组或指针类型才能使用下标。

7. error C2133:'XXX': unknown size
   错误 C2133:'XXX' 的大小未知。

8. error C2143: syntax error : missing ';' before 'type'
   错误 C2143:语法错误:'type'前丢失分号。

9. error C2146: syntax error : missing ';' before identifier 'XXX'
   错误 C2146:语法错误:标识符'XXX'前面丢失了分号。

10. error C2181: illegal else without matching if
    错误 C2181:没有与 if 匹配的非法 else.

11. error C2196: case value 'XXX' already used
    错误 C2196:case 值'XXX'已经使用。一般在 switch 语句的 case 分支中重复使用 case 后的常量时会出现此错误。

12. error C2198:'XXX': too few actual parameters
    错误 C2198:'XXX'函数调用时,实际参数太少。

13. error C2296:'%': illegal,left operand has type 'float '
    错误 C2296:'%'的左操作数的类型是'float ',非法。

14. error C2297:'%': illegal,right operand has type 'float '
    错误 C2297:'%'的右操作数的类型是'float ',非法。

15. error C2373:'XXX': redefinition;different type modifiers
    错误 C2373:'XXX'重定义,不同类型的修饰符。若函数调用时,函数没有事先声明,造成先使用后定义的情况时会出现此错误。

16. error C2466：cannot allocate an array of constant size 0
    错误 C2466：不能为长度为 0 的数组分配空间。

17. error C2660：'XXX'：function does not take 3 parameters
    错误 C2660：'XXX'函数不能带 3 个实际参数(提示的个数就是所给的实际参数个数)。

18. warning C4005：'XXX'：macro redefinition
    警告 C4005：宏'XXX'重定义。

19. warning C4013：'XXX'　undefined；assuming extern returning int
    警告 C4013：'XXX'没有定义,有可能是外部变量(或函数)没有定义或没有声明。

20. warning C4020：'XXX'：too many actual parameters
    警告 C4020：'XXX'函数调用时,实际参数太多。

21. warning C4047：'='：'char'：differs in levels of indirection from 'char[2]'
    警告 C4047:赋值:字符数组类型'char[2]',与字符类型'char',是不同的。一般在赋值
    号两边,想将'char[2]'类型数据自动转换成'char'类型数据时会出现此警告信息。

22. warning C4087：'XXX'：declared with 'void' parameter list
    警告 C4087：'XXX'声明的参数列表为'void'。若函数形参声明为'void',而实参
    有 1 个或多个时,会出现此警告信息。

23. warning C4101：'XXX'：unreferenced local variable
    警告 C4101：'XXX'是未引用的局部变量。

24. warning C4133：'initializing'：incompatible types — from 'float *' to 'int *'
    警告 C4133：初始化时,试图将'float *'类型转变为'int *'类型,类型不兼容。

25. warning C4244：'='：conversion from 'double' to 'float',possible loss of data
    警告 C4244：赋值：'double'数据转换成'float'数据时,可能会丢失数据。

26. warning C4305：'='：truncation from 'const double' to 'float'
    警告 C4305：赋值：'const double'数据赋值给'float'变量时,可能会丢失数据。

27. warning C4508：'XXX'：function should return a value；'void' return
    type assumed
    警告 C4508：函数'XXX'应该返回一个值,或许返回类型是 void。

28. warning C4700：local variable 'XXX' used without having been initialized
    警告 C4700：局部变量'XXX'没有初始化就使用。

29. error LNK2001：unresolved external symbol _XXX
    Debug/XXX.exe：fatal error LNK1120：1 unresolved externals
    Error executing link.exe.
    连接错误:连接时发现没有实现的外部符号 XXX,有可能是外部变量或函数没有
    定义。

30. LINK：fatal error LNK1168：cannot open Debug/syl_1.exe for writing
    致命连接错误 LNK1168:不能打开 syl_1.exe 文件进行写操作。一般是syl_1.exe
    还在运行,未关闭。

注意:前面出现的'XXX',代表一个合法的标识符名称(如变量或函数名称)。

附录2　Visual C++ 6.0 常见排错示例

初学 C 语言的人,经常会出一些连自己都不知道错在哪里的错误。看着有错的程序,不知该从何改起,下面列举了一些在 Visual C++ 6.0 中调试 C 源程序时常犯的错误,仅供初学者参考。

程序出错有三种情况:一是语法出错;二是逻辑出错;三是运行出错。下面我们就按照这三种情况分别举例加以说明。

一、语法错误

指违背了 C 语言语法规定的错误。对于这类错误,编译程序一般能给出"出错信息",并且告诉你在哪一行出错。此类错误较易排除。

[错误示例1]　忘记变量的定义。

```c
#include  <stdio.h>
int main(void)
{
    a=10;
    printf("%d",a);
    return 0;
}
```

调试出错信息为:

D:\lt\lt.c(4) : error C2065: 'a' : undeclared identifier

出错原因分析:

变量 a 事先没有定义。

提示信息中,文件名 lt.c 后面括号中的数字 4 是提示错误所在行的行号为 4。后面的其他示例末列出行号,请读者注意。

[错误示例2]　忽略了变量的类型,进行了不合法的运算。

```c
#include  <stdio.h>
int main(void)
{
    float a,b;
    printf("%d",a%b);
    return 0;
}
```

调试出错信息为:

error C2296: '%' : illegal,left operand has type 'float '

error C2297: '%' : illegal,right operand has type 'float '

出错原因分析：

%是求余运算，得到 a/b 的整余数。整型变量 a 和 b 可以进行求余运算，而实型变量则不允许进行"求余"运算。

［错误示例 3］　书写标识符时，忽略了大小写字母的区别。

```c
#include  <stdio.h>
int main(void)
{
    int a=88;
    printf("%d",A);
    return 0;
}
```

调试出错信息为：

error C2065: 'A' : undeclared identifier

出错原因分析：

编译程序把 a 和 A 认为是两个不同的变量名，而显示出错信息。C 语言认为大写字母和小写字母是两个不同的字符。习惯上，符号常量名用大写，变量名用小写表示，以增加可读性。

［错误示例 4］　忘记加分号。

```c
#include  <stdio.h>
int main(void)
{
    int a,b;
    a=8
    b=100;
    return 0;
}
```

调试出错信息为：

error C2146: syntax error : missing ';' before identifier 'b'

出错原因分析：

分号是 C 语句中不可缺少的一部分，语句末尾必须有分号。编译时，编译程序在"a= 8"后面没发现分号，就把下一行"b=100"也作为上一行语句的一部分，这就会出现语法错误。改错时，有时在被指出有错的一行中未发现错误，就需要看一下上一行是否漏掉了分号。例如，在本例中，指示错误的光标停在 b=100 处，但却是前一语句 a=8 后面少了分号。

［错误示例 5］　输入变量时忘记加地址运算符"&"。

```c
#include  <stdio.h>
int main(void)
{
    int a;
    scanf("%d",a);
    return 0;
}
```

调试出错信息为：

warning C4700: local variable 'a' used without having been initialized

出错原因分析：

scanf 函数的作用是：按照 a、b 在内存的地址将 a、b 的值存进去。"&a"指 a 在内存中的地址。在本例中，a 前没有地址符 & 是不合法的。

[错误示例 6]　定义数组时误用变量。

```
#include  <stdio.h>
int main(void)
{
    int n=10;
    int a[n];
    return 0;
}
```

调试出错信息为：

error C2057: expected constant expression

error C2466: cannot allocate an array of constant size 0

error C2133: 'a' : unknown size

出错原因分析：

数组名后用方括号括起来的是常量表达式，可以包括常量和符号常量，即 C 不允许对数组的大小作动态定义。而本例中，定义数组 a 时，方括号中的 n 是变量。

[错误示例 7]　将字符常量与字符串常量混淆。

```
#include  <stdio.h>
int main(void)
{
    char ch;
    ch="a";
    return 0;
}
```

调试出错信息为：

warning C4047: '=' : 'char ' differs in levels of indirection from 'char [2]'

出错原因分析：

混淆了字符常量与字符串常量，字符常量是由一对单引号括起来的单个字符，字符串常量是一对双引号括起来的字符序列。C 规定以"\"作为字符串结束标志，它是由系统自动加上的，所以字符串"a"实际上包含两个字符：'a'和'\'，而把它赋给一个字符变量是不行的。

二、逻辑错误

程序并没有违背 C 语言的语法规则，但程序执行结果与原意不符。这主要是因为程序设计人员的算法有错误或编辑源程序时有误，由于这种错误没有违背语法规则，且调试时又没有出错信息提示，错误较难排除，这需要程序员有较丰富的经验。

[错误示例 8]　忽略了"="与"=="的区别。

本程序实现：若 a 与 b 相等，则显示 ok。

```
#include  <stdio.h>
int main(void)
{
    int a=2,b=1;
    if(a=b)
    printf("ok!");
    else
    printf("wrong!");
    return 0;
}
```

本程序有错,但编译调试时无错!

出错原因分析:

C 语言中,"="是赋值运算符,"=="是关系运算符。本题的原意是对 a、b 的值进行判断,条件语句是"a 与 b 相等",应该写成 a==b,而不是 a=b。如果写成 a= b,则结果是显示 ok!,而依题意 a==b 的结果为假,因此正确的结果是显示 wrong!

本例程序在编译时,编译结果是 success! 即调试通过,错误逃出了编译器的法眼! 但这类错误对于程序员来说,是绝不允许存在的! 因为它太隐蔽了。程序较短还容易查出,程序一长,要找出这种错误可就难了。所以编程时要特别小心!

[错误示例 9]　多加分号。

```
#include  <stdio.h>
int main(void)
{
    int i,x;
    for(i=0;i<5;i++);
    {
        scanf("%d",&x);
        printf("%d",x);
    }
    return 0;
}
```

本程序有错,但编译调试时无错。

出错原因分析:

本题的原意是先后输入 5 个数,每输入一个数后再将它输出。由于 for( )后多加了一个分号,使循环体变为空语句,此时只能输入一个数并输出它。

三、运行错误

程序既无语法错误,也无逻辑错误,但在运行时出现错误甚至停止运行。

[错误示例 10]　除数不能为零。

```
#include  <stdio.h>
int main(void)
{
```

```
    int a,b,c;
    scanf("%d%d",&a,&b);
    c=a/b;
    printf("c=%d\n",c);
    return 0;
}
```

对于本程序,当输入的 b 等于 0 时,程序会出错并异常终止程序的执行。

出错原因分析:

该算法或者说该程序不具备"健壮性",也就是说,它不能经受各种数据的"考验"。本程序在运行时,对于其他数据都不会出错,但输入的 b 等于 0 时就会出错,因为做除法运算时,除数不能为 0。本程序稍作修改即可,如下所示:

```
#include  <stdio.h>
int main(void)
{
    int a,b,c;
    scanf("%d%d",&a,&b);
    if(b==0)
        printf("输入错误:除数不能为 0!");
    else.
    {
        c=a/b;
        printf("c=%d\n",c);
    }
    return 0;
}
```

参 考 文 献

[1] 谭浩强. C 程序设计[M]. 第三版. 北京:清华大学出版社,2014.

[2] 刘汝佳. 算法竞赛入门经典[M]. 第二版. 北京:清华大学出版社,2014.

[3] 蒋清明. C 语言程序设计[M]. 湘潭:湘潭大学出版社,2013.

[4] 蒋清明. C 语言程序设计实验教程[M]. 湘潭:湘潭大学出版社,2013.

[5] 何光明. C 语言实用培训教程[M]. 北京:人民邮电出版社,2002.

[6] 教育部考试中心. 全国计算机等级考试大纲[M]. 2013 版. 北京:高等教育出版社,2013.

[7] 詹可军. 全国计算机等级考试上机考试试题库——二级 C[M]. 成都:电子科技大学出版社,2013.

[8] KING K N. C 语言程序设计现代方法[M]. 吕秀锋,黄倩,译. 北京:人民邮电出版社,2010.

[9] BRIAN W KERNIGHAN. C 语言程序设计[M]. 英文版. 北京:机械工业出版社,2006.

[10] BRIAN W KERNIGHAN. C 程序设计语言[M]. 2 版. 北京:机械工业出版社,2011.

[11] 李春葆. C 语言与习题解答[M]. 北京:清华大学出版社,2002.

[12] 李丽娟. C 语言程序设计教程[M]. 2 版. 北京:人民邮电出版社,2009.

[13] 李丽娟. C 语言程序设计教程习题解答与实验指导[M]. 2 版. 北京:人民邮电出版社,2009.

[14] 李芸. 基础知识和 C 语言程序设计[M]. 天津:南开大学出版社,2002.

[15] 刘德恒,李盘林,张晓燕. C 语言程序设计题典(二级)[M]. 北京:机械工业出版社,2001.

[16] 刘振安. C 语言程序设计[M]. 北京:机械工业出版社,2007.

[17] 龙瀛等. C 语言课程辅导与习题解析[M]. 北京:人民邮电出版社,2002.

[18] 王建芳. C 语言程序设计:零基础 ACM/ICPC 竞赛实战指南[M]. 北京:清华大学出版社,2015.